小婴儿的衣服就是，头钻进去，小手也放进去，就算完成啦！

大人旧衣轻松改成宝宝装

［日］粟辻早重　著
陈志姣　译

女儿生了小宝宝，于是我得以与女儿的家人一起，再次体会育儿的乐趣。
虽然市面上有很多可爱的宝宝装，但是大多看起来紧巴巴的。
而且，每件看上去都差不多。

于是，我想自己亲手做一些宽松的小短裤和小衣服。

衣服穿旧了也没关系。比如，T 恤就是很好的布料来源。
反复洗了很多遍的布料，有着肌肤的微温，非常适合给宝宝做衣服。
衣服是给小孩子穿的，所以很容易让人想到可爱的颜色和图案。
但是富有现代感的款式和较为成熟的颜色，或者并不刻意却讲究的条纹、有艺术感的印花图案等都意外地与小孩子的气质非常相衬。

小婴儿是个能量的聚合体，有着任何衣服都百搭的强大魔力。

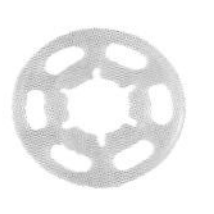

小婴儿或者小孩子只要一穿上，
即使是穿旧的 T 恤也会重新焕发青春。
同时，之前穿过这件衣服的人的回忆也被勾起。
改装，并不是简单地将旧衣服再利用。

小婴儿的衣服就是，
头钻进去，小手也放进去，就算完成啦！
真的非常简单。

开动脑筋，深思熟虑，来做设计吧！
就像玩拼图游戏那样，一边享受这份乐趣一边制作。
设计和制作方法并没有非此不可的条条框框，
缝线稍稍有些歪斜也无所谓。
用贴近宝宝肌肤的柔软布料把他包裹起来，
并体会为宝宝制作衣服的幸福吧。

目录
contents

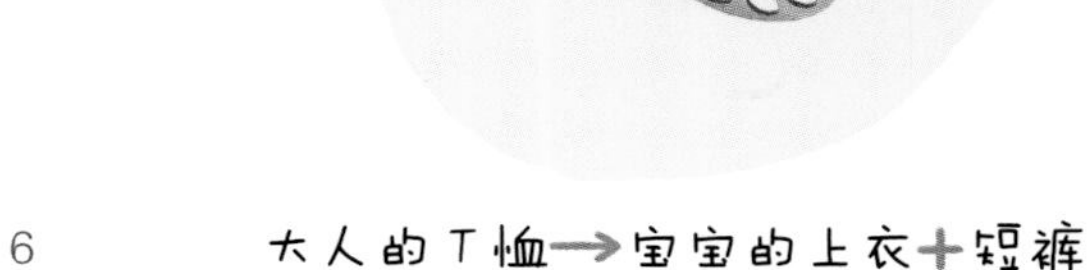

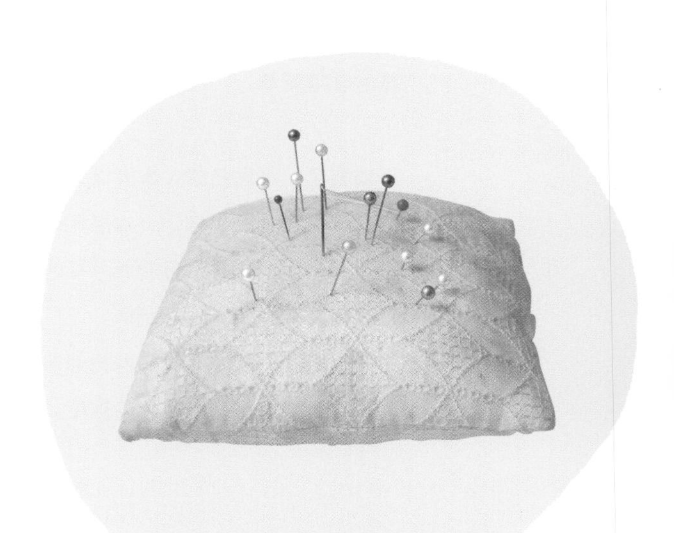

※（ ）做法页码

大人的T恤→宝宝的上衣+短裤

用一件大人的T恤，可以做成宝宝的上衣和短裤。

灵活利用中意的印花图案，享受独一无二的改装乐趣吧！

用印有宇宙飞船图案的 T 恤改装

希望衣服上能有个大大的宇宙飞船，所以下决心用剪刀做做看。虽然是配色较为成熟的单色画，却意外地很适合小宝宝，宇宙飞船似乎也变酷了。因为利用了 T 恤原来的领口、袖口和下摆，所以要缝的部分只有一点儿，非常简单。

做法 **第46页**

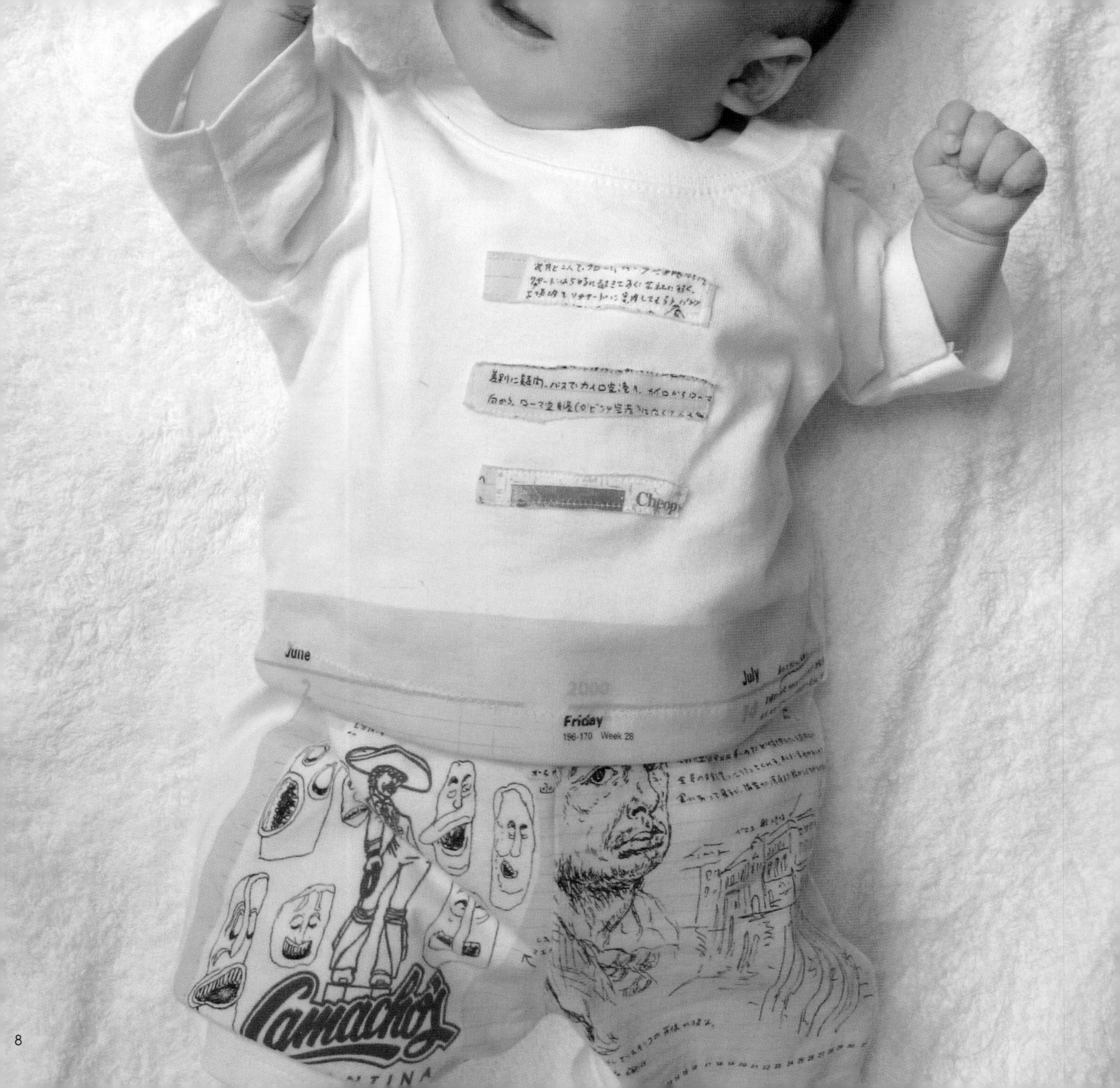
June
July
Friday
196-170 Week 28
Camacho's

用印有艺术家插画的 T 恤改装

在博物馆商店不经意看到印有画家横尾忠则作品的 T 恤，因为很喜欢所以就买了下来。可是改装成宝宝的衣服后，却产生了与大人完全不同的感觉，变成了很可爱的上下身套装。我把文字部分剪成了细长的布条，在胸口处做成三条贴花。

做法 第47页

做法 第48页

用深浅条纹的两件 T 恤改装

在淡色条纹的基础上叠加深色条纹，并刻意改变前衣片和后衣片的条纹加入方式，让我们与条纹做个游戏吧！一开始将衣服做成了套头衫，但是女儿说这样穿起来不方便，于是改成了前开衫，这样就算宝宝睡着了也能轻松地脱下或穿上，非常方便。

用红白条纹的 T 恤改装

因为很喜欢条纹，所以改装的条纹衣服渐渐多了起来，这就是其中之一。大概是经常穿的缘故，改装的衣服有种会自动吸附到手上的魔力。红白的配色，不只是女孩，男孩穿起来也很可爱。相对于横条纹，制作布兜时使用了竖条纹。亮点在于：兜口、领口和下摆都做了红色滚边。

做法 第49页

大人的 T 恤→宝宝的无袖衫

第50页

用细条纹的 T 恤改装

无袖衫也能够像马甲那样穿，很方便。细条纹如果原样使用会有些单调，于是在胸口部位将条纹切换方向重新拼接在一起。云和星星的贴花是宇宙飞船上衣（第 6 页）的多余布料，它们的边缘不需要修剪得特别平整。除了贴花，只在短裤的侧面缝缀一块和上衣滚边颜色相同的黑布条即可。

用素色和有印花图案的两件 T 恤改装

孩子稍微长大一些后，就可以经常带他们出去游玩了。为了出去游玩时可以替换着穿，用印花 T 恤和白色 T 恤做成了兄弟同款的无袖衫。两件衣服非常相似，正面是兄弟俩都很喜欢的汽车图案，背面是素色布料。为了把肚子完全遮盖起来，我把衣服稍微做长了些。哥哥的那件衣服做成了露肩款（右下）。

做法 第51页

a

大人的T恤→宝宝的宽松短裤

天空、logo、树叶

孩子穿着尿布时，如果短裤的尺寸正好，穿起来则会比较困难，所以需要把衣服做得宽松一些。对于这种可以一下子脱下或穿上的宽松短裤，保育员们一致称赞。而度过尿布期的幼儿，屁股则会出乎意料的小，因此这件宽松的短裤可以一直穿到四岁。

a.b.c的 做法 第52～53页

NIKE
SPORTSWEAR
c
b
Campbell's
CONDENSED
TOMATO
SOUP

YOTA

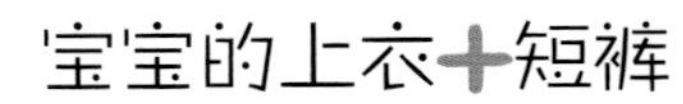

用颜色不同的两件T恤改装

宝宝刚学会站，马上就能开始走了，各种小恶作剧也开始了，越来越有小孩的样子，出远门的情况也逐渐多了起来。于是，利用灰色和深蓝色两件T恤，试着做可以外出穿的上下身套装。上衣带有格子花纹的内衬，天气微寒时穿也不会觉得冷，也可以不加内衬。这个年龄的宝宝渐渐可以说出自己的名字了，于是在背后加上了名字的贴花。

第54页

大人的运动上衣→宝宝的开衫

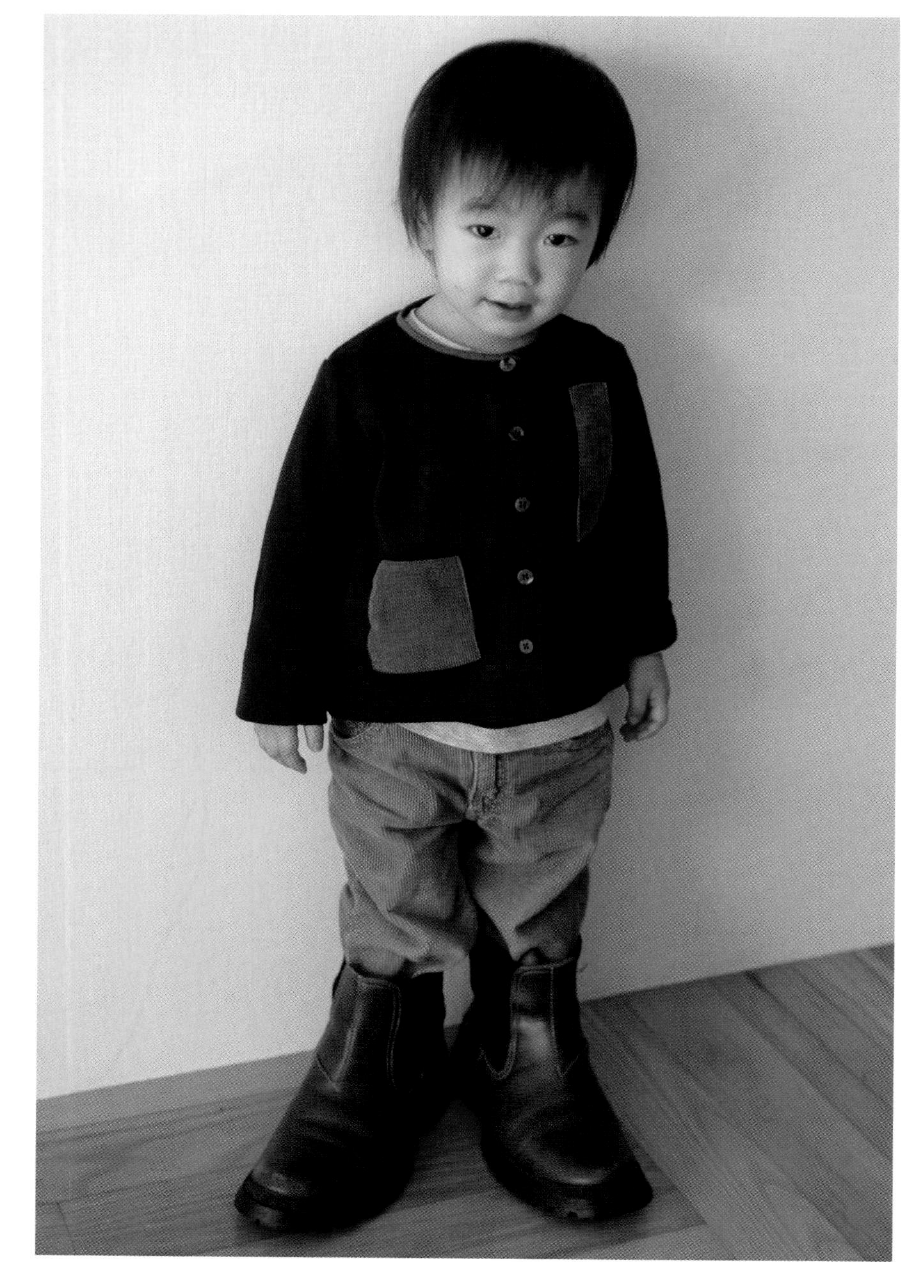

做法 第56页

巧克力与焦糖

外出游玩时可以防风，也可以代替马上就能脱掉的夹克衫，开衫毛线衣真的很方便。这件衣服是用巧克力色运动上衣改装的，质地很厚，所以防风效果很好。用焦糖色灯芯绒布的碎布片，裁两块非常喜欢的大大的积木形状缝缀在衣服上，其中一个是兜。

做法 第57页

积木玩具箱

对宝宝来说，不只是寒冷季节，夏天的凉风也需要注意。因为想要一件外出时能稍微挡风的衣服，所以把漂亮的红色运动上衣改成了开衫。贴花以女儿玩过的让人怀念的积木为主题，以玩具箱为概念，使用了各种各样的印花图案。烦恼该使用什么印花组合也是一种乐趣，就好像积木散落在四处一样，后背也加上了小小的三角形积木。

做法 第58页

小猫和小鱼

当孩子开始记单词后，词汇量每天都在增加。孩子们每次来我家都会喊着“喵，喵”去追猫咪，让猫咪很烦恼。他们也很喜欢水缸里的鳉鱼，一边说着“小鱼，小鱼”，一边一动不动地看着小鱼游来游去。于是，我用大号运动上衣改装成了两件开衫。一件在胸口处用猫咪的脸做了贴花：从厚棉布上裁下一个圆形，不需要刻意修剪布边，像小孩子的恶作剧一样，做成贴上去的感觉。虽然抚摸孩子的时候布边可能会被摸得开线，但是听到孩子“喵，喵”的叫声，感觉非常可爱。另一件衣服把小鱼做成玩偶，系在细绳的一端，另一端则系在开衫的扣子上。孩子把它放进兜里再拿出来、抚摸它，和它说话，似乎非常开心。为了保证到第二年还能继续穿，衣服的实际尺寸要比“小猫”大一号。

做法 第59页

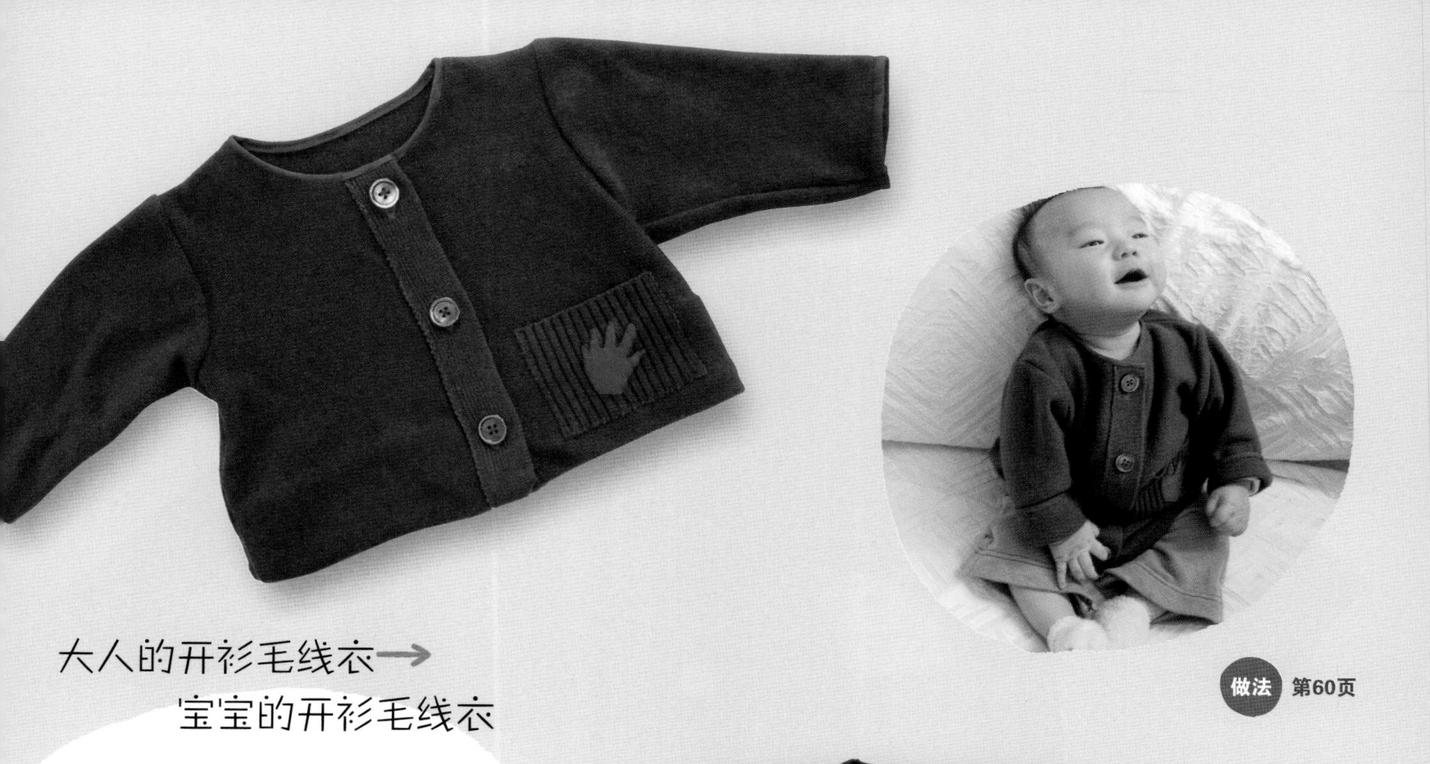

大人的开衫毛线衣→宝宝的开衫毛线衣

做法 第60页

小手

婴儿的手掌和脚丫小小的，超级可爱，让人禁不住想把脸凑过去。我把小手形状做成了贴花，缝缀在开衫毛线衣上。弟弟的“小手”是红色的，好像要确认记忆中的小手一样，他一边说着“小手”，一边摸着红色的“掌印”。哥哥的“小手”稍微大一点儿，是白色的。这两件衣服是用两件绿色的开衫毛线衣改装而成的。弟弟的那件，把毛衣的里面翻到了外面，哥哥的那件，则是原样利用了旧衣服的衣兜。

白色圣诞

在某一个平安夜，突然发觉自己完全忘记了准备礼物的事情，但是时间已经太晚，没法出去买了。于是就想：干脆亲手制作一件衣服当礼物吧。找出一件白毛衣，因为已经毡化了，所以就算咔嚓咔嚓地剪开，也不用担心会开线，直接缝起来就行。用白色布剪成浪漫的星星、月亮和花朵的形状，布边的开线不用在意，将其直接缝在毛衣上，留出缝份。旧毛衣的袖子也可以做成帽子，一戴上，帽子尖尖的部分就会轻松地立起来。

做法 **第62页**

孩子的素色T恤+
孩子的画做成的贴花

孩子们来到我家，没法外出玩耍的时候，

我会让他们在打印纸、广告纸背面或旧单子上随意画自己喜欢的东西。

YOTA 今年四岁，他画的是“独角仙的新干线”，

据说是爸爸、妈妈、EITO（弟弟）、外婆和小青蛙一起去北海道的故事。

确实，独角仙的新干线正在轨道上跑着，上方还有太阳探出头来。

EITO 今年三岁，他用小手拿着特别喜欢的铅笔，

用红色画着圆圈，“这是西红柿！”用绿色凌乱地横向画着，“这是黄瓜！”

只要一拿到蜡笔和彩色铅笔，他们就进入出人意料的想象世界中去了。

孩子们都是艺术家，而我们就是现代艺术的观赏者。

他们为我们展现了远远超出大人常识范围的无法想象的世界。

这是漫长的人生中，神赐予我们的极其短暂的宝贵时光。

让孩子们多多地画画吧！

大人们也敞开自由的心，和孩子们一起享受这段时光吧！

孩子们都是艺术家！

做法 第71页

独角仙的新干线

把孩子们的画缝缀在T恤上，这些画是小天才们的作品。在幼儿园，大家都穿着一样的上衣，很难区分开，这种方式使T恤成了只属于自己的衣服。孩子们都非常开心，幼儿园老师也称赞这样很容易分辨。在被单等很大的布上画画时，要用胶带把各处固定好，这样布就不会乱动了，孩子们也可以安心地在上面画画了。不要使用油性笔，推荐使用不会掉色的布绘马克笔或蜡笔。将画在布上的画咔嚓咔嚓地剪下来，贴在素色T恤上。把画在绿色布上的“独角仙的新干线”修剪成大大的四边形，把画在白色布上的不可思议的有趣图案剪成圆形贴到T恤上。

做法 第64页

1、2、3

我也会数哦！弟弟学着哥哥的样子，不服输地数起来："1、2、3……"他们对数字很感兴趣，有时候画歪了，有时候画倒了。模仿着孩子们画的数字，我也以孩子的心情画了起来。将其他T恤的袖子加到素色的半袖衫上，做成两件叠穿袖。右边的袖子用红白宽条纹，左边的袖子用素色布料，刻意做成不对称的样式。哥哥却说："我不喜欢红白搭配。"大概是到了开始意识周围环境的年龄了吧，于是马上给他换成了素色袖。

做法 第65页

做法 第66页

水壶

大概与我喜欢水壶有关，孩子们从婴儿时起就很喜欢水壶玩具，我只要拜托他们给我画画，他们就一定会画各种各样的水壶。开始时还画不出水壶的形状，后来慢慢就很像样了。于是我以此为主题给兄弟俩各做了一件运动上衣。"从水壶里面会飕飕地冒出热气哦。"就如所说，做贴花时也把飕飕的热气做了出来。

做法 第67页

心

在衣服的正面和背面各加了一块布，就像运动员的号码布一样，孩子们说“这件衣服很暖和所以很喜欢”，于是经常穿着它。对孩子们来说，身体轻便是最重要的，所以我将这件衣服做成叠穿袖效果。大概是因为心形给人的感觉很美好，所以画画的时候总会不自觉地画出心形。于是，衣服的背面也出现了心形图案。袖子截取自其他长袖 T 恤，看到这件衣服，孩子们说“真帅气”，于是我给自己也做了一件同款穿着，朋友们见了就问 :“这是哪里的品牌？” 这款衣服受到广大好评。

THE FIRST BOOK DESIGN EXHIBITION
TADANORI YOKOO THE FIRST BOOK DESIGN EXHIBITION
GINZA GRAPHIC GALLERY
鈴木マサル
テキスタイル展
TDC展 2013
LIFE
永井一正ポスター展
Let's put nozzles and handles to pour!
INOX
e DePadova
mint designs
2013 S/S COLLECTION
"THE DARKSIDE ISSUE"
集落が育てる設計図
Shigeru Ban
坂茂
BERNINA

做法 第68～69页

○△□

孩子画画的时候，我也在旁边跟着一起画。每当这时，我的心境就会变得像孩子一样，但是我却总也模仿不了孩子们的画作。把孩子们画的○和□原样缝缀在衣服上，孩子们一动起来，○和□也随之舞动。

a&a'. 是为感情很要好的女孩子做的一件衣服的正面和背面。后背加上了小小的红心和名字。b. 虽然是同样的设计，但是在袖子上做了点小花样，做成了黑色的叠穿袖。c. △和□的几何图案与钟表组合在一起。孩子们好像总是很在意钟表的存在，大概是因为经常听到“吃点心的时间到啦”“已经到了睡觉的时间啦”这种话吧。

a
b
c
BEATLES
THE BEATLES
e
d
g
h

f

k

j

i

为了追上孩子们的成长埋头苦做

a&h&k. 条纹 T 恤上加个兜。制作方法非常简单，即使不擅长缝纫的人也可以尝试。用兜的配色来提升品位。b. 恐龙图案上衣。幼儿园里的好几个男孩都穿着同样的衣服，于是在原来衣服的基础上添加了蓝色的云彩和绿色的石头，把衣服变成了原创独有。c. 将披头士图案的围巾裁剪成大块方形贴上去，变成了富有艺术感的 T 恤。孩子们问："披头士是什么？" d&f. 绘本的故事也成了主题。鲜花满开的大树上，红色的小鸟飞来了……树干可以变粗，树木的印花图案也可以做出各种各样的改变，为了让故事延续下去，做了好几件这一系列的衣服。e. 让孩子在 T 恤上直接画画也很有趣。"真的吗？我可真画了啊！"一边说着，孩子一边果断在衣服上画了起来。g. 为了让珍贵的宝贝都能够放进去，在衣服上缝了一堆布兜。里面放了什么呢？据说是秘密。i. 缝缀有孩子们心目中的英雄——面包人的 T 恤。孩子们每天都穿着，直到穿破。j. 两人同骑马公园的小马感情很好。

a.c.d.g的 做法 第70~71页

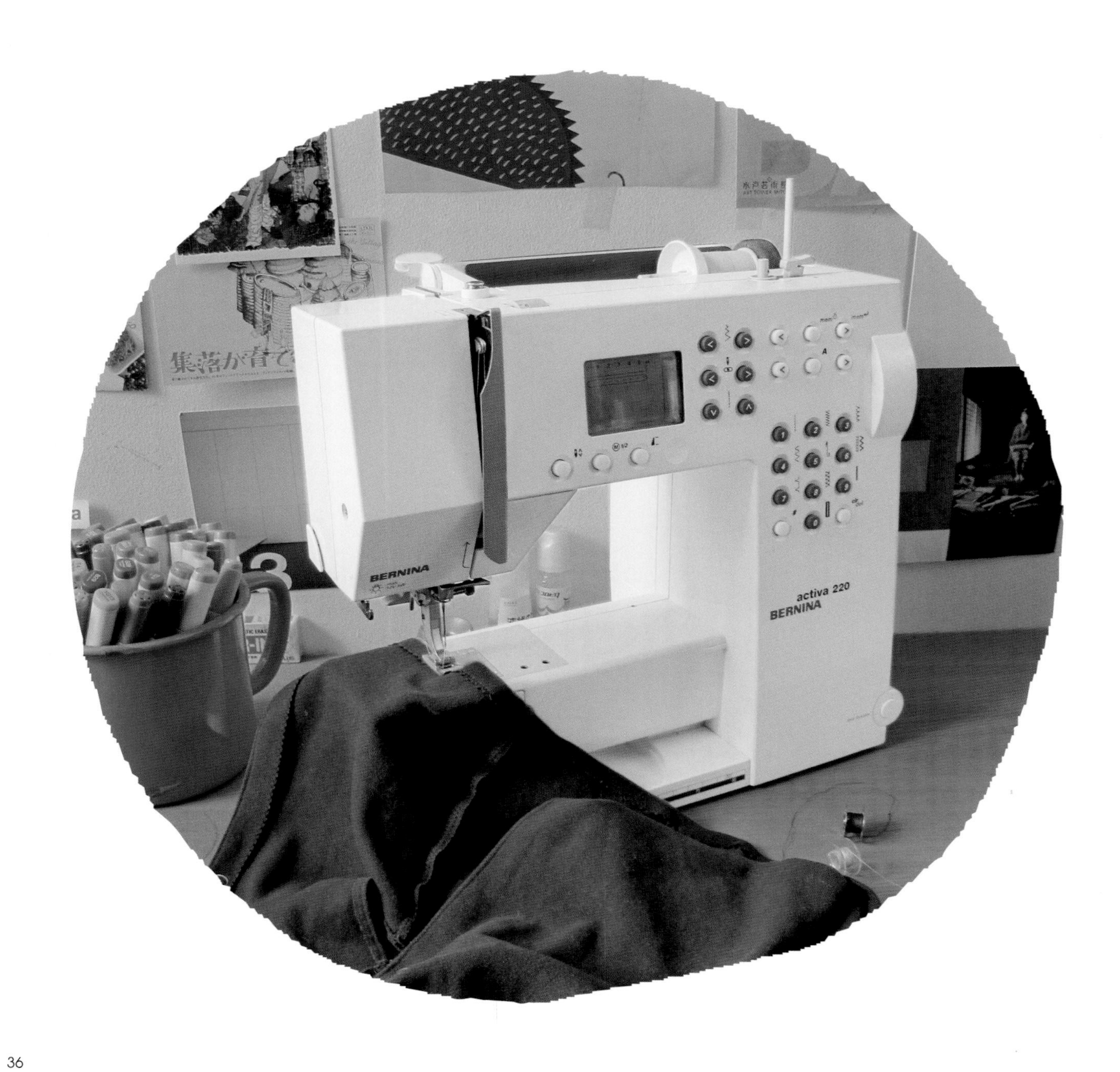
BERNINA
activa 220
BERNINA

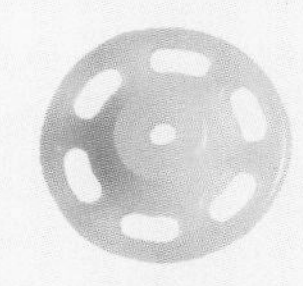

那么，来做吧！

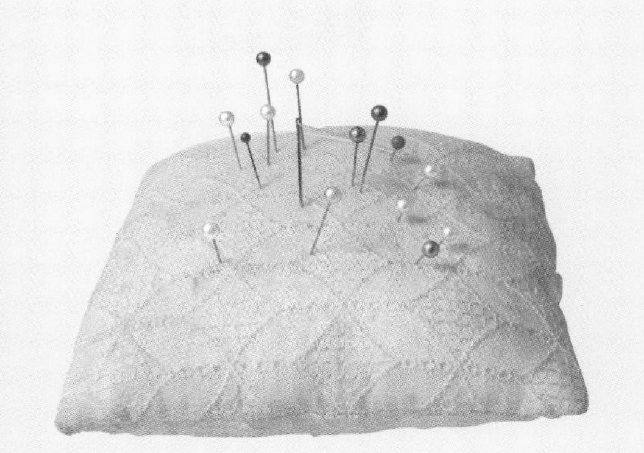

我想，谁都有可以用来改装的 T 恤或运动上衣。因为可能与我做的那些设计并不完全相同，所以好好看一下自己的那些旧衣服吧，想要做成什么样的款式请自由地设计，用改装来使其焕发新的气息吧！

做法基本上就只有一个，我将介绍把大人 T 恤改装成小孩上衣和短裤的基本剪裁方法和缝制方法，请以此为大致标准。

纸样也不是非此不可。

我刚开始做的时候，将现有的小 T 恤贴在大人的运动上衣上，大一圈的部分用剪刀剪掉然后缝合。

我经常在炖菜时或晚饭后进行衣服改装，一旦掌握了基本方法，就越来越熟练了，渐渐地也越做越好。就算缝的稍有些歪斜，孩子们穿上也很可爱。看着孩子可爱的样子，就觉得给孩子做衣服是件很快乐的事情，自己也因此越来越自信了。有 30 分钟的时间就足够了，做衣服不再是梦想！

基本做法

基本做法

做一个基本纸样 S（第 45 页），放在 T 恤上。T 恤基本上以成人男款为主（M 号或 S 号）。尽量像 A、B 那样直接利用原来的领口和下摆，无法利用的话就像 C 那样做，根据印花图案的分布来决定裁剪 T 恤的哪个区域。如果原来的 T 恤比纸样小的话，就用别的布来补足。

A 利用领口

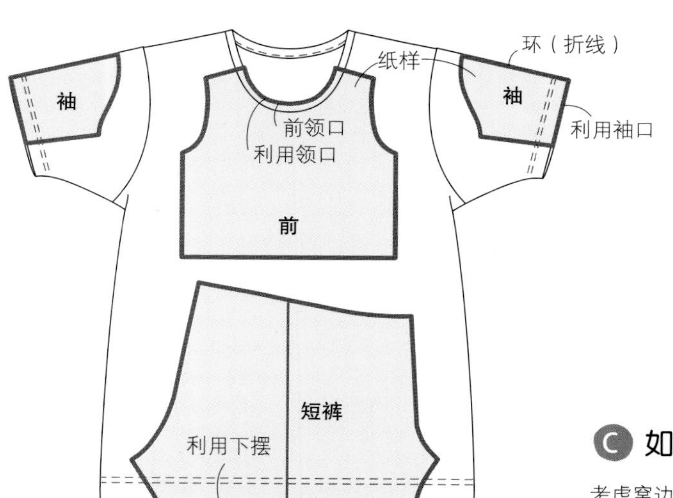

B 如果领口正好相合

C 如果领口太大

考虑窝边，在合适的地方取用

＊窝边的处理请参考基本缝制方法（第 42 ~ 43 页）或作品页

这样剪裁（第 40 页 A 的情况和前开衫的剪裁方法）

首先，把袖子剪掉，剪开腋窝以下部分，使其成为一块能够平铺的布。如图把纸样放好，画在布上，留好窝边尺寸后裁下。这里也一并介绍前开衫的剪裁方法。

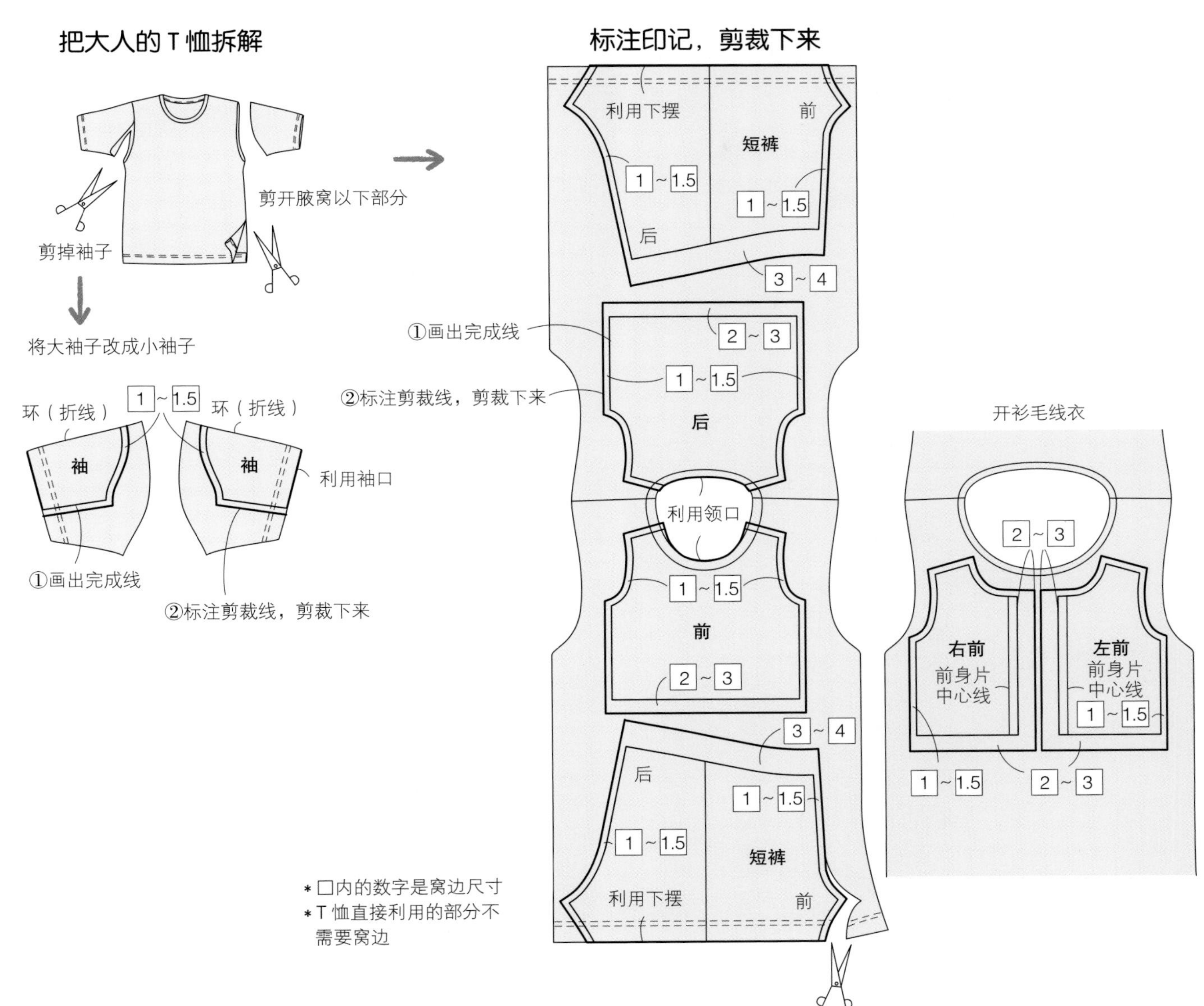

* □内的数字是窝边尺寸
* T 恤直接利用的部分不需要窝边

上衣这样缝（第 40 页 A 的情况）

如果缝合时无法使布料边缘完全对齐，把多出的部分裁掉。若直接利用原 T 恤的肩部（第 40 页 B 的情况），从添加袖子这一步开始即可。如果不擅长使用缝纫机，也可以直接手缝，因为尺寸很小，所以手工缝制的工作量也不会很大。

 窝边的边缘处理，如果不用锯齿形针脚或绷缝机，也可以用手交叉缝边。

1 缝制肩部

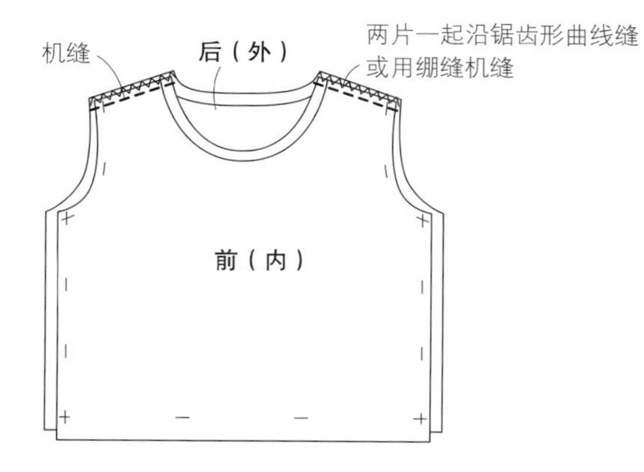

2 添加袖子

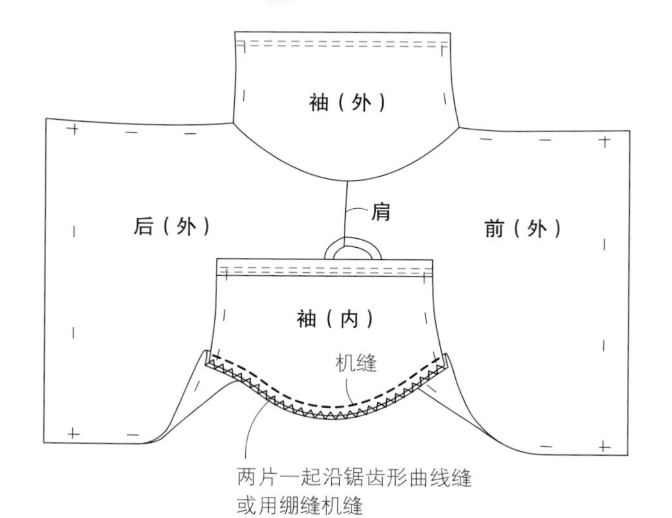

3 将袖子下部与身侧连接缝合

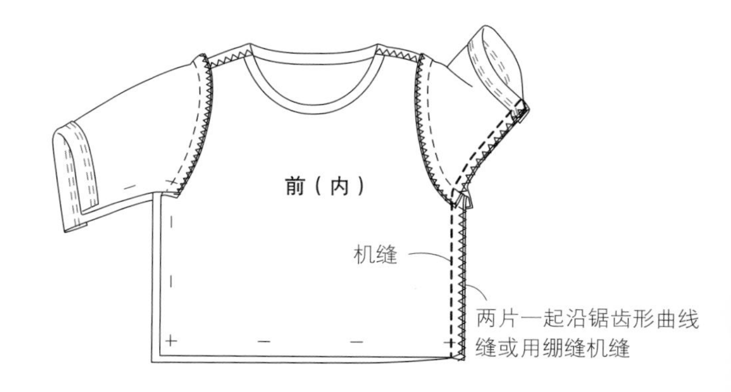

4 处理下摆

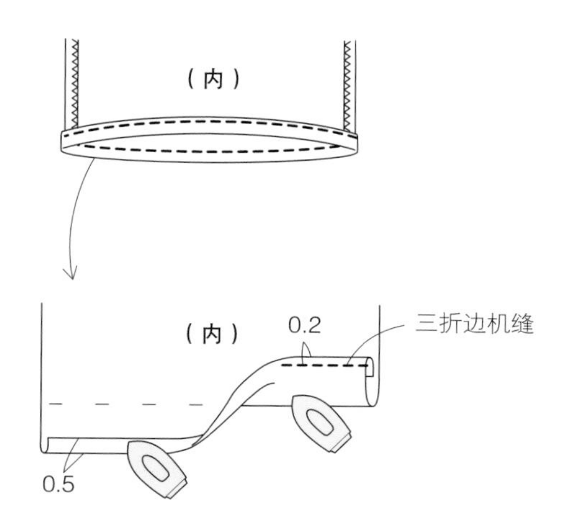

短裤这样缝（第 40 页 A 的情况）

如果能直接利用原 T 恤的下摆，按照 1 ~ 3 步即可完成。将腰部的松紧带留长一些，让孩子试穿一下确定尺寸。

1 缝合前后身片中心线

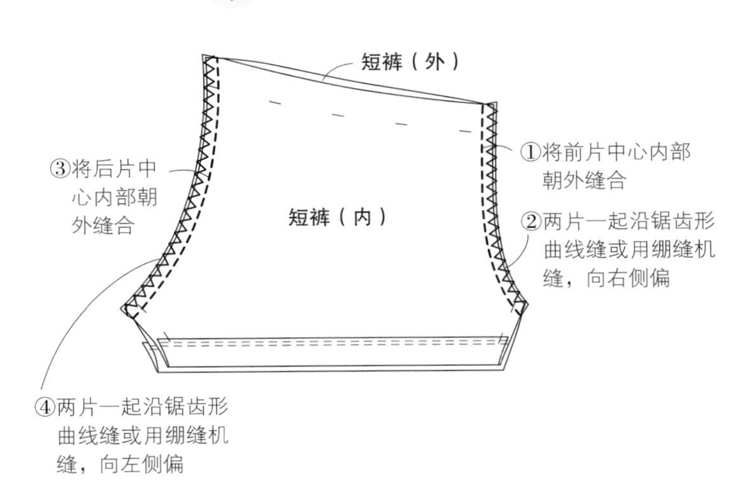

3 缝制腰部，穿松紧带

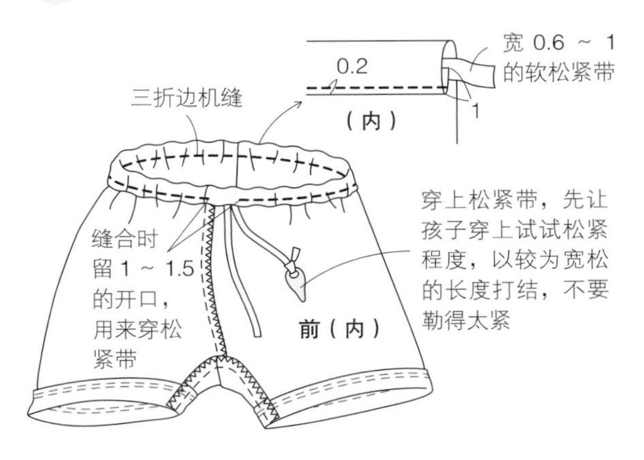

2 缝制裆部

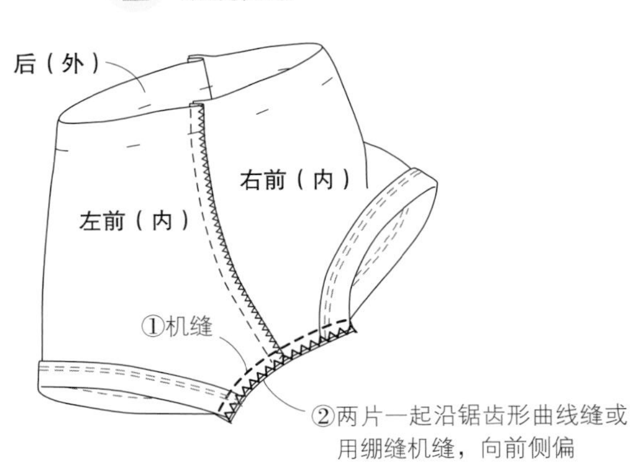

4 处理下摆

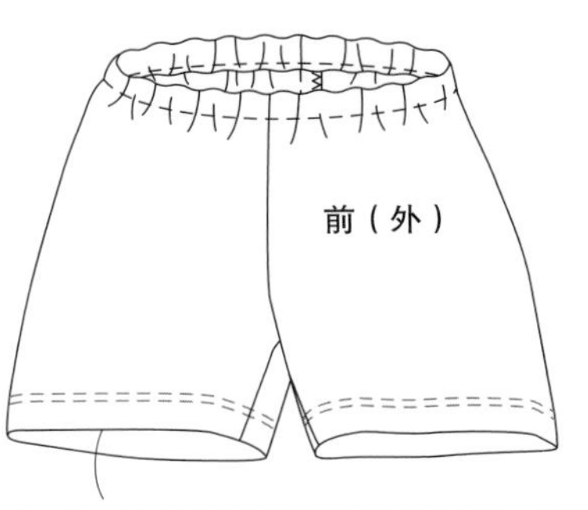

如果无法直接利用原 T 恤的下摆，用三折边机缝来处理→参考第 42 页

开衫这样缝

开衫的前端和滚边条包边的处理方法如下。
关于纽扣，建议外侧用装饰扣，内侧用子母扣。
子母扣与装饰扣的位置稍微错开一些，不用增加数量。

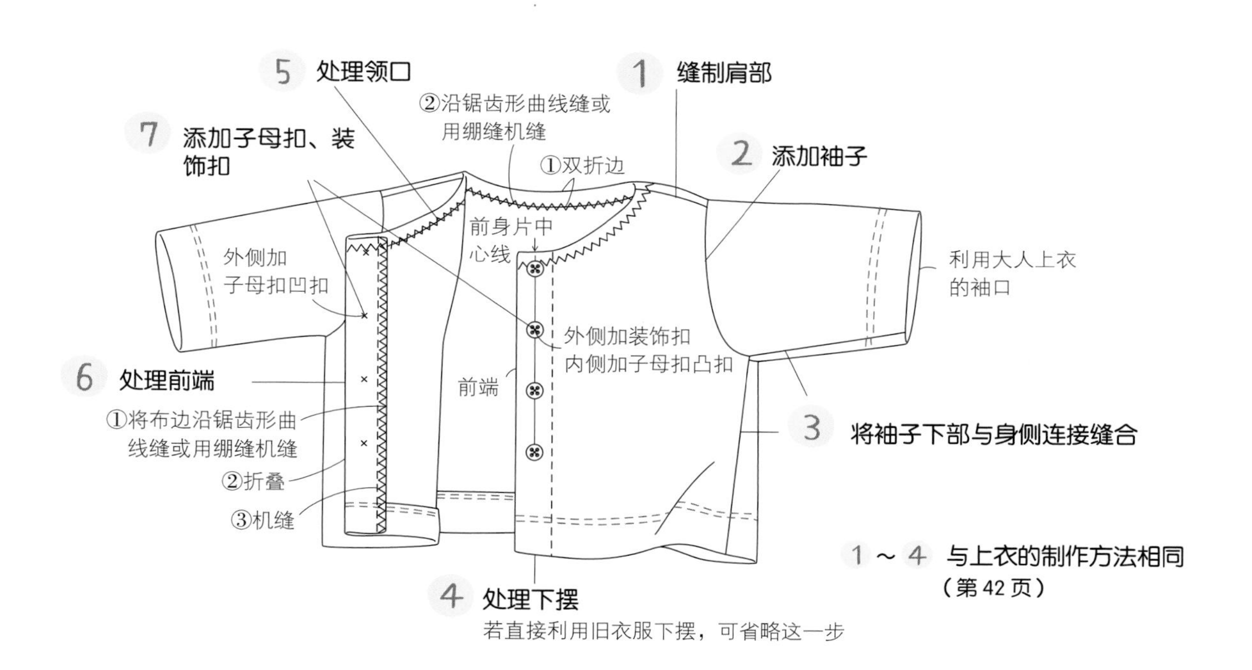

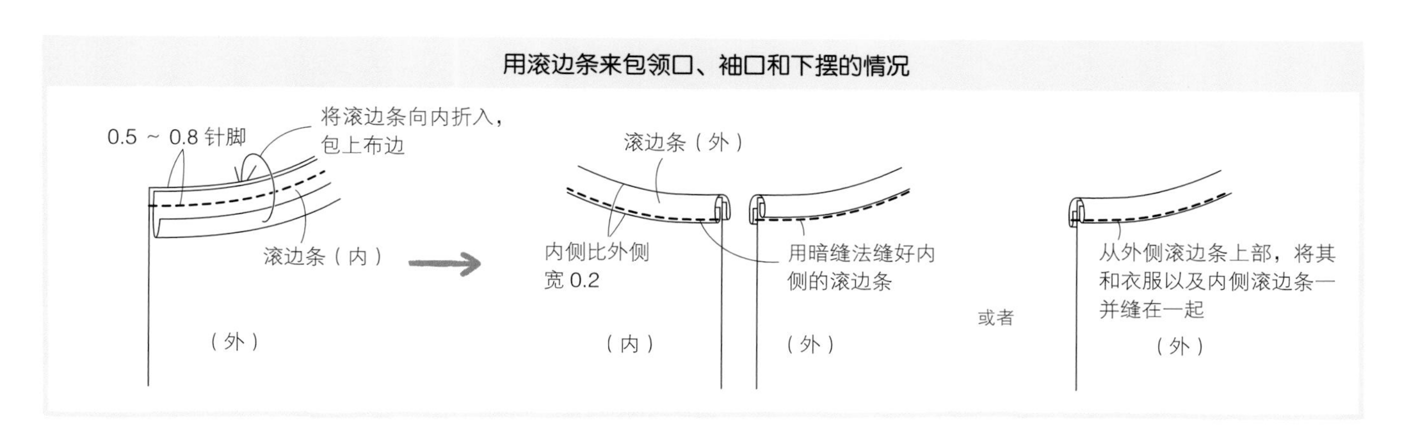

基本纸样

将这个纸样放大后进行复印来制作。如果孩子的体型和这个纸样不符，请按照孩子实际穿的衣服来修改。小孩子的肩宽、袖围基本上不会改变，衣长稍微做长一些也没关系。
* 因为想直接利用大人上衣的下摆来做短裤的下摆，所以就将纸样做成了笔直的。

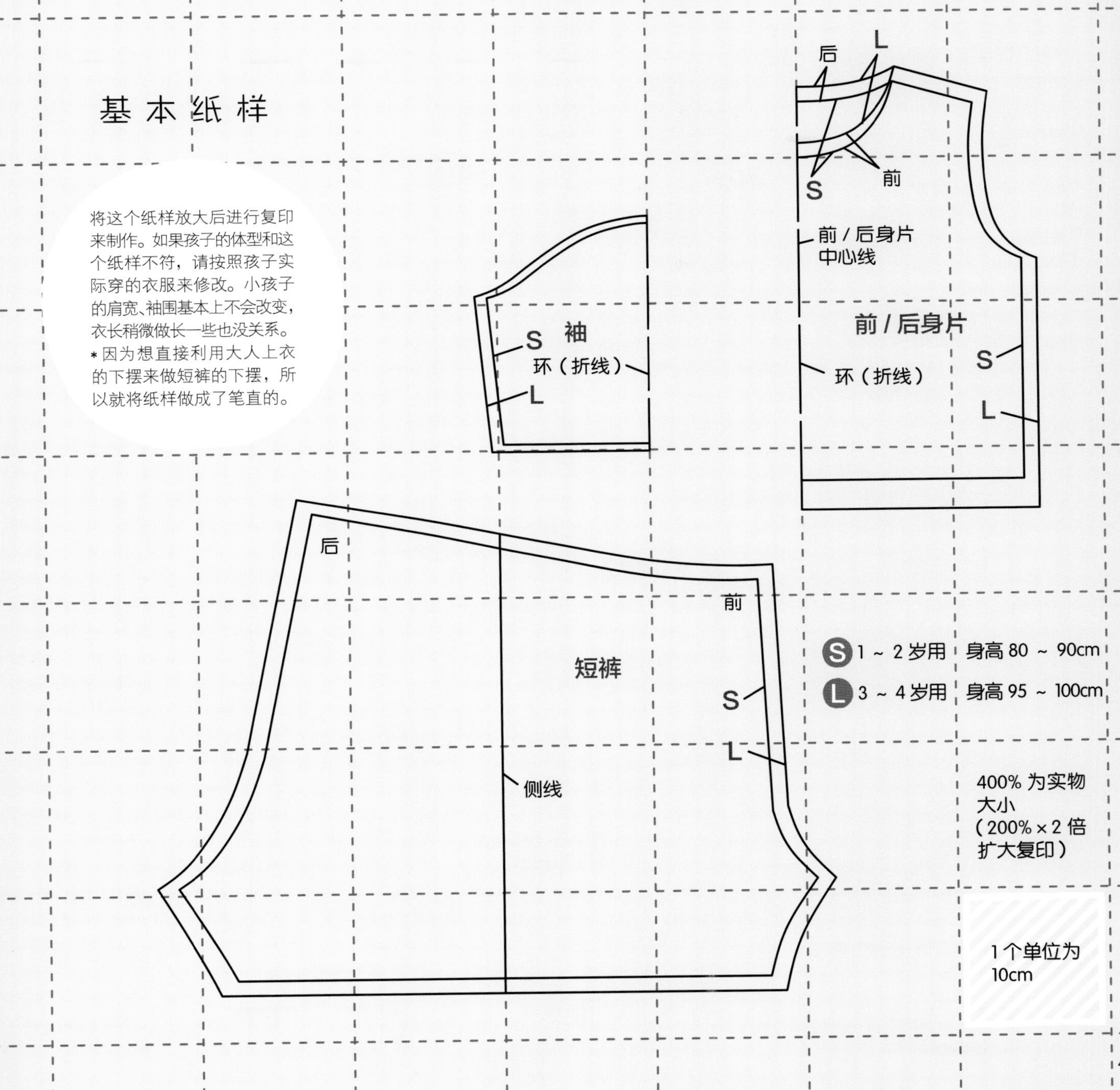

用印有宇宙飞船图案的 T 恤改装
第6页

材　料（0～2 岁用）

大人的印花 T 恤　1 件

0.6 ～ 1cm 宽的松紧带

做法要点：

上衣、短裤都用基本纸样 S（第 45 页）制作。

上衣利用原 T 恤的领口、袖口（参考第 40 页的 A）。

短裤利用原 T 恤的下摆。

各自的剪裁方法、缝制方法参考第 41 ～ 43 页。

这里灵活运用了原 T 恤的印花图案，上衣是白色底，短裤是黑色底。

根据 T 恤图案的分布选择裁剪合适的区域。

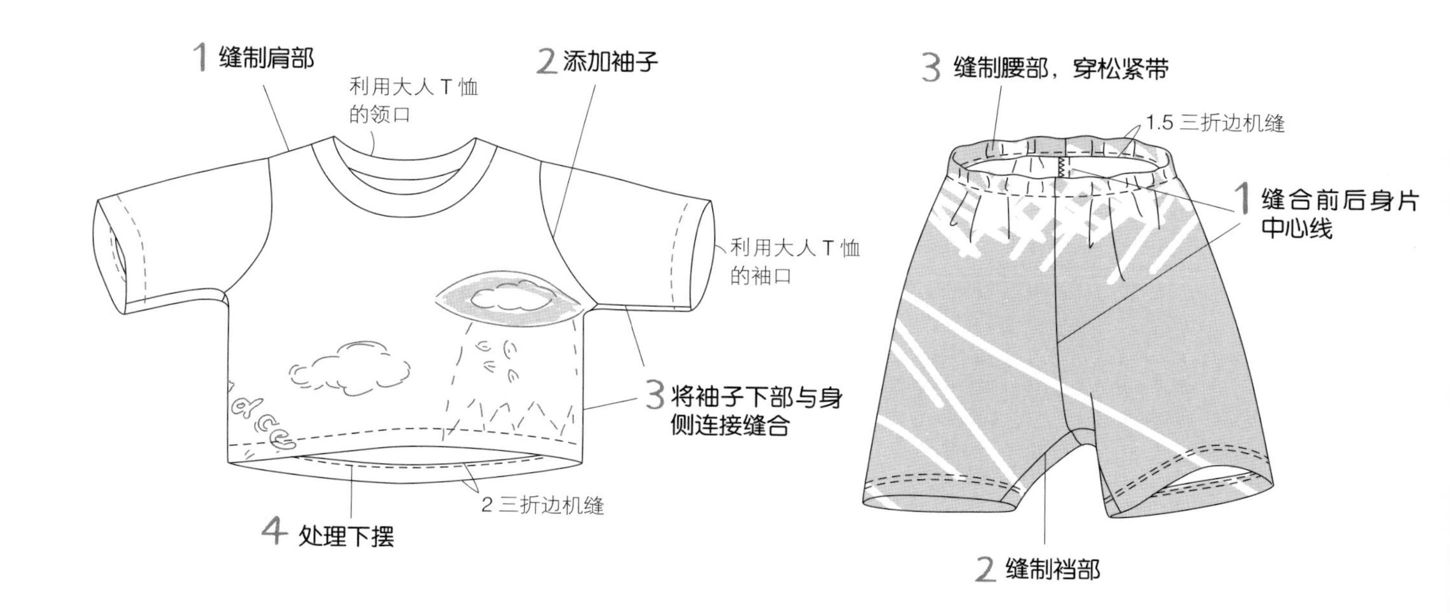

用印有艺术家插画的 T 恤改装

第9页

材　料（0～2岁用）

大人的印有插画图案的 T 恤　1 件

0.6 ～ 1cm 宽的松紧带

做法要点：

上衣、短裤都用基本纸样 S（第 45 页）制作。

上衣利用原 T 恤的领口、肩部和袖口（参考第 40 页的 B）。

短裤在下摆处留 3cm 窝边。

各自的剪裁方法、缝制方法参考第 41 ～ 43 页。

贴花和兜可以使用能够成为亮点色的碎布片。

利用大人 T 恤的领口、肩部

2 添加袖子

7

1.5

1.5

7.5

1

6.5

1 制作贴花

剪下来的印花布用缝纫机缝上去

3 将袖子下部与身侧连接缝合

2 三折边机缝

4 处理下摆

制作纸样，留出窝边剪裁

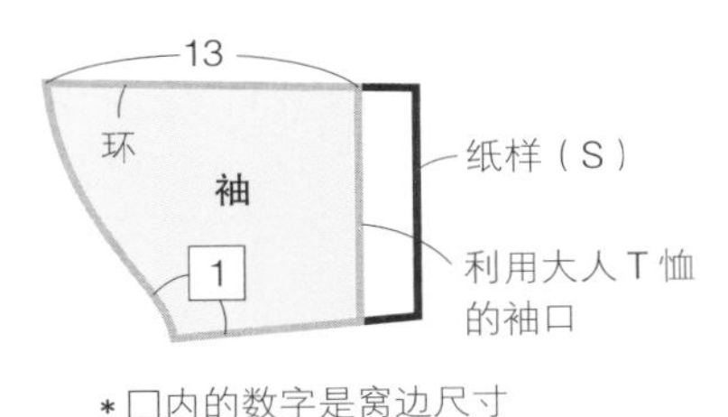

＊口内的数字是窝边尺寸

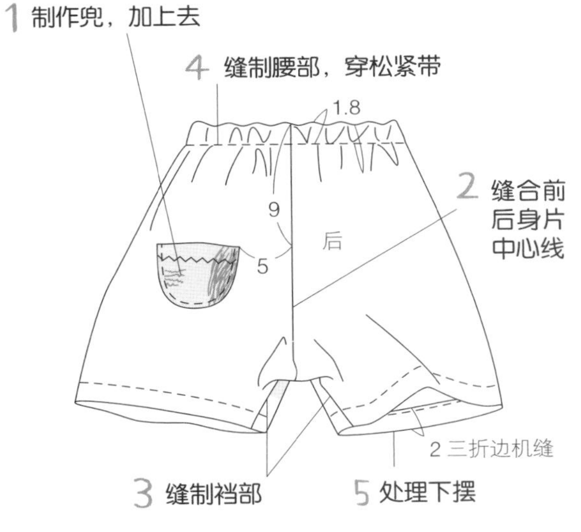

兜的做法

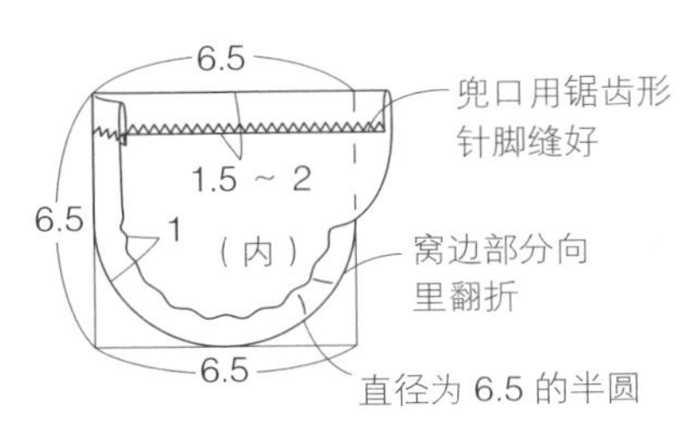

用深浅条纹的两件 T 恤改装

第10页

材　料（0～2 岁用）

主体用大人的灰色横条纹 T 恤　1 件
贴花用大人 T 恤（比主体颜色更深的灰色横条纹）　1 件
子母扣　3 组
约 2cm 宽的灰色滚边条（市场上卖的两折型）
0.6 ~ 1cm 宽的松紧带

做法要点：

上衣使用基本纸样 S（第 45 页）制作，如图修改领口（开衫上衣的剪裁方法参考第 41 页）。
短裤使用基本纸样 S，直接利用原 T 恤的下摆（剪裁方法参考第 41 页，缝制方法参考第 43 页）。
这里使用的是很相似的深浅细条纹上衣制作的，也可以使用两种颜色的素色上衣。

制作纸样，留出窝边剪裁

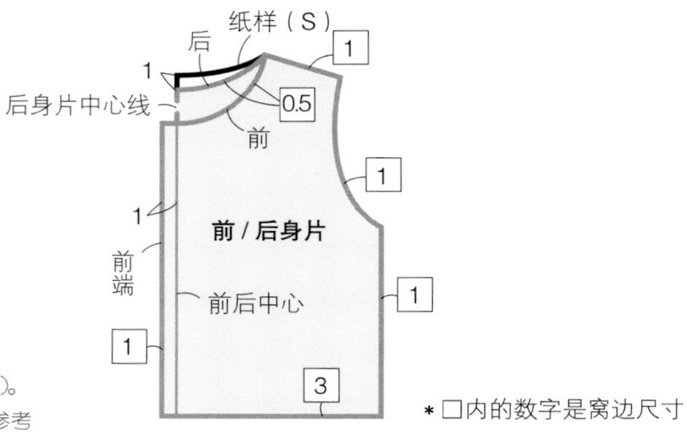

＊□内的数字是窝边尺寸

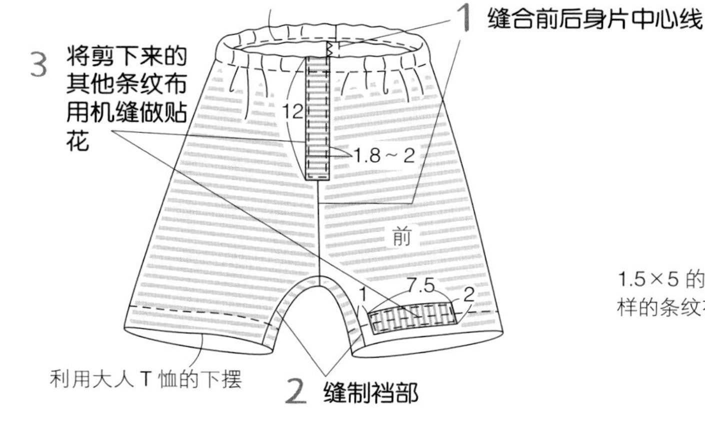

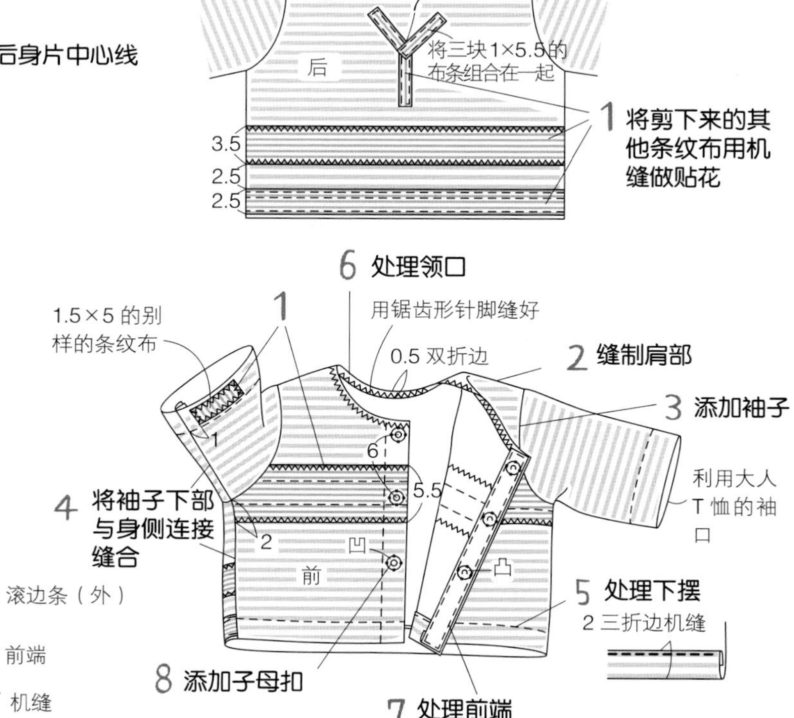

前端的处理

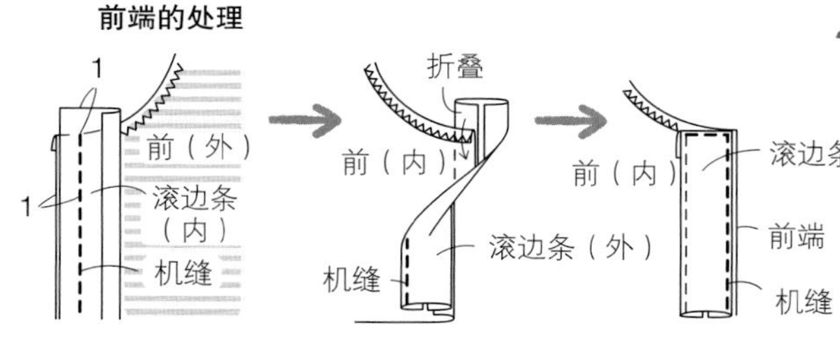

用红白条纹的 T 恤改装

第10页

材　料（0～2 岁用）

红白条纹的大人 T 恤　1 件

约 1.2cm 宽的红色滚边条（市场上卖的两折型）

子母扣　3 组

直径为 1.2cm 的贝壳扣（用作装饰扣）　4 个

0.6 ~ 1cm 宽的松紧带

做法要点：

上衣、短裤都根据基本纸样 S（第 45 页）修改后制作（开衫上衣的剪裁方法参考第 41 页）。

短裤如图利用原 T 恤的下摆制作（剪裁方法参考第 41 页，缝制方法参考第 43 页）。

滚边条可以用与主体相同的颜色，也可以用其他喜欢的颜色。

制作纸样，留出窝边剪裁

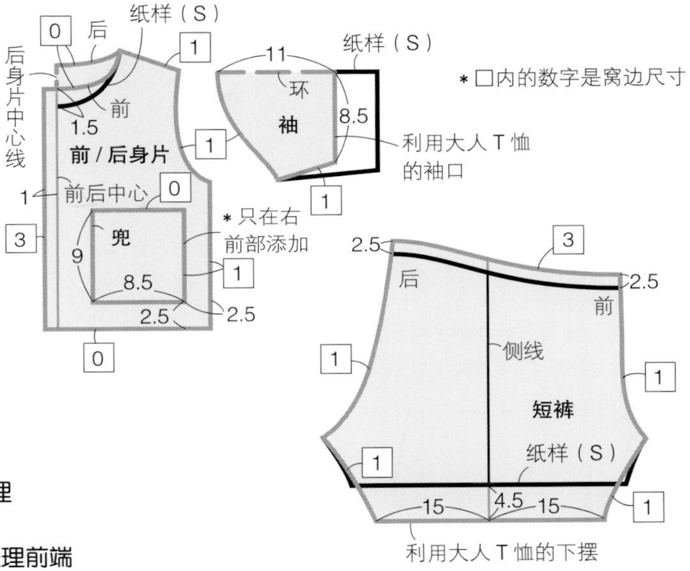

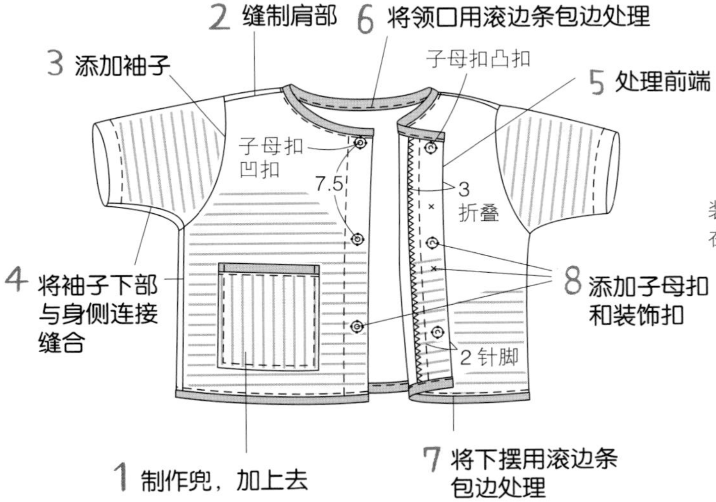

装饰扣的位置

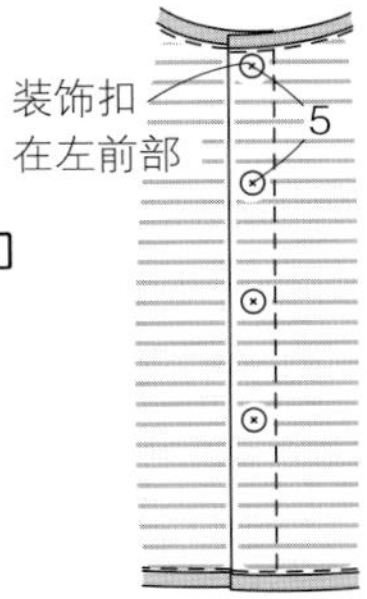

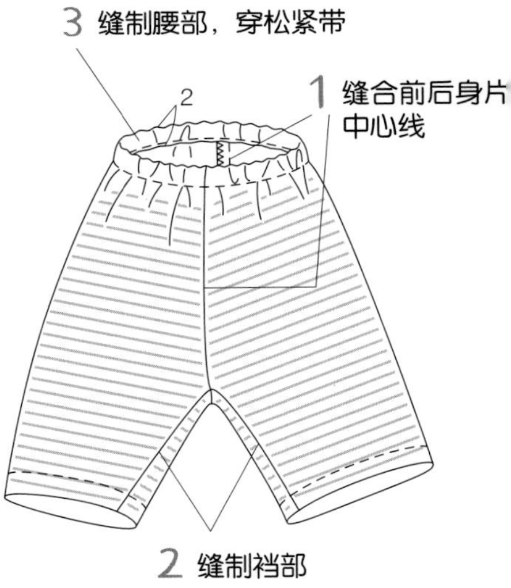

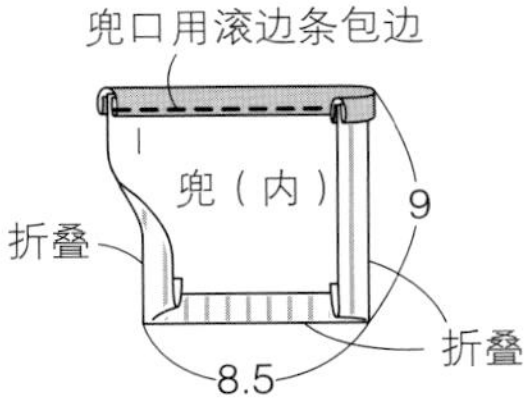

兜口、领口、下摆的处理

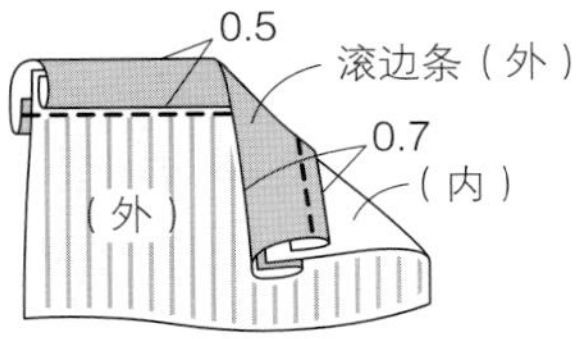

用细条纹的 T 恤改装

第11页

材　料（0～2岁用）

大人的细条纹T恤　1件	子母扣　2组
贴花用的布	1cm宽的黑色滚边条（市场上卖的两折型）
黑色棉布	0.6 ～ 1cm宽的松紧带

做法要点：

无袖衫，将基本纸样S（第45页）根据本页图示进行修改，沿切换线改变条纹的方向。
短裤在基本纸样S的下摆处，留出3cm的缝份（剪裁方法参考第41页，缝制方法参考第43页）。
贴花使用第6页的T恤印花图案。
也可以裁剪白布制作贴花。

孩子稍微长大一些后，可以将短裤的侧面缝上一些，使裤腿变细，这样就很有少年的感觉了。

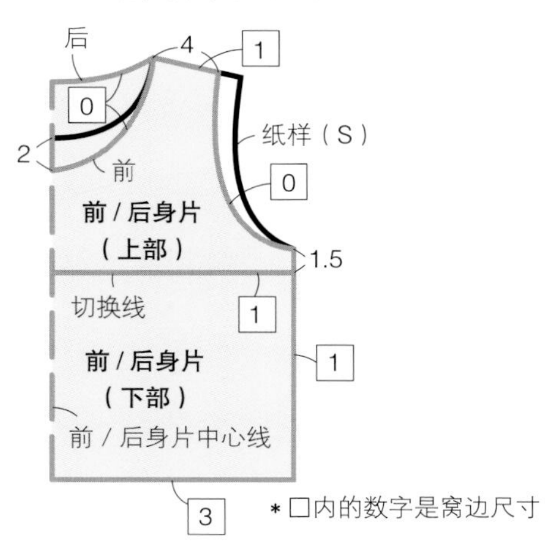

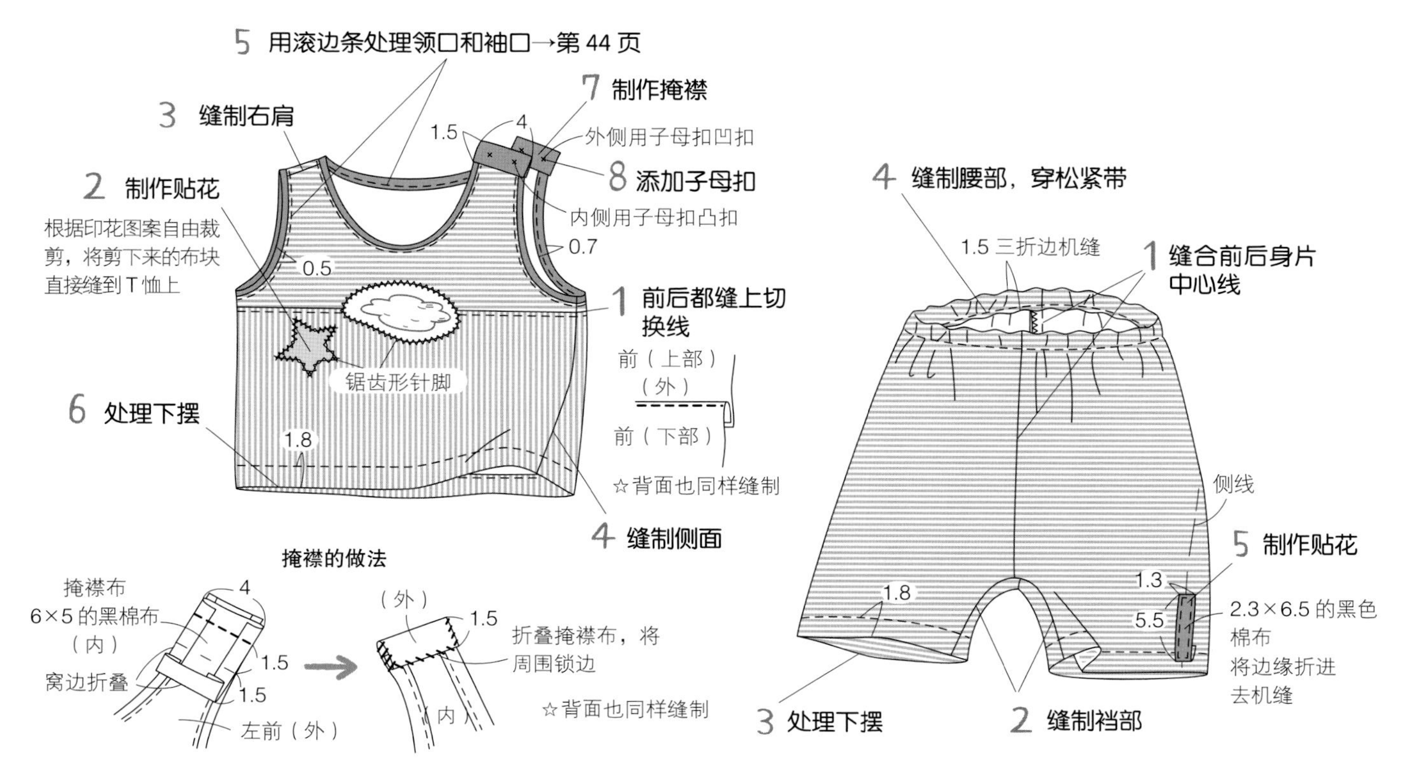

用素色和有印花图案的两件 T 恤改装

第13页

材　料（a 1～2 岁用　b 3～4 岁用）

大人的深蓝色底白色印花 T 恤　1 件

大人的白色 T 恤　1 件

b 的做掩襟用的白棉布

b 的子母扣　2 组

做法要点：

a、b 都将基本纸样 S（第 45 页）根据本页图纸进行修改，

前面用深蓝色底，背面用白色底制作。

a 将领口做深，使其可以挂在身上穿。

b 将领口做浅，在右肩缝上掩襟，变成露肩装（掩襟的做法请参考第 50 页）。

＊a、b 的下摆都利用原 T 恤的下摆。

无法利用原 T 恤下摆的话，留出 3cm 窝边，用三折边机缝来处理。

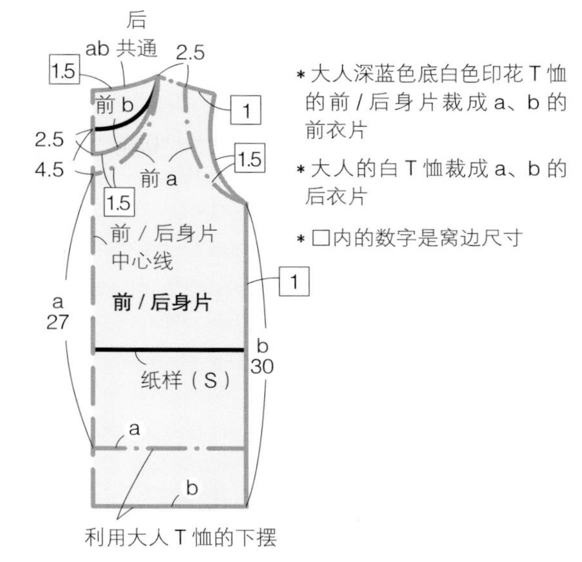

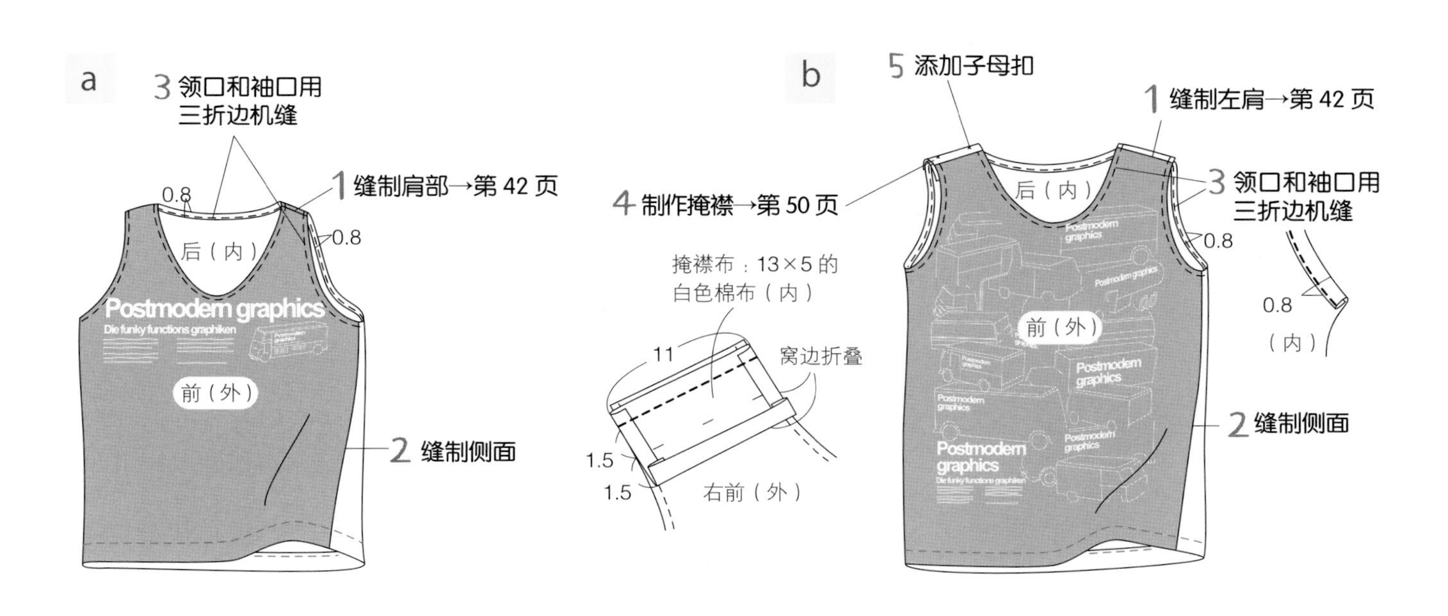

天空

第14页图a

材　料（0～2岁用）

大人的印花T恤　1件

2cm宽的松紧带

＊用胸前有照片图案的上衣制作。

做法要点：

将基本纸样S（第45页）根据本页图示进行修改后，分别裁剪出前衣片和后衣片。

短裤前面用T恤正面，短裤后面用T恤背面（素色）剪裁。

制作纸样

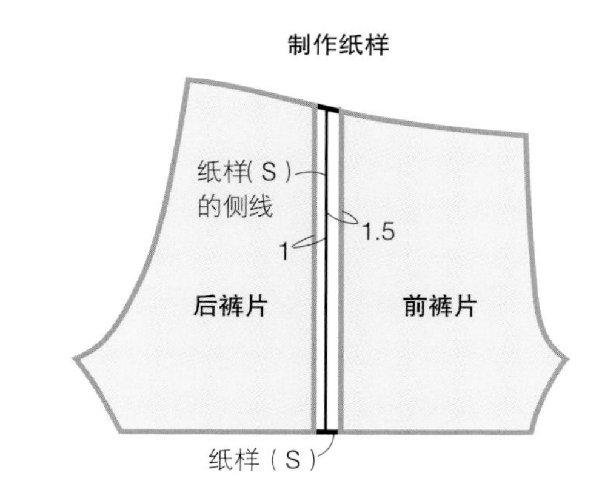

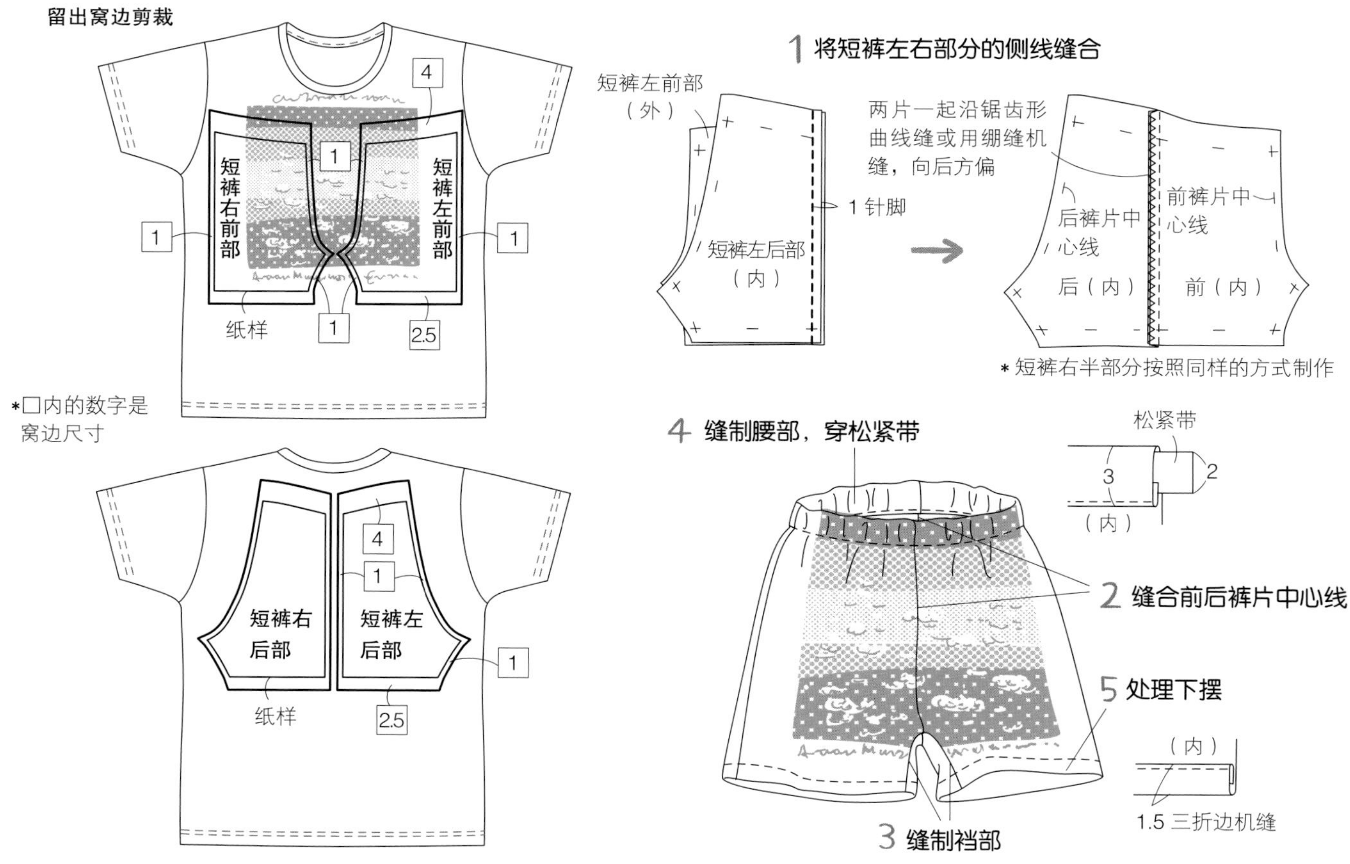

树叶

第15页图b

材　料（3～4岁用）

大人印花T恤　1件

2cm宽的松紧带

* 用胸前有文字和图案的T恤制作。

做法要点：

将基本纸样L（第45页）按照本页图示进行修改。

为了将图案置于短裤左侧，把纸样如图放置在T恤上面剪裁。

背面（素色底）也放置纸样剪裁

（参考第41页的剪裁方法）。

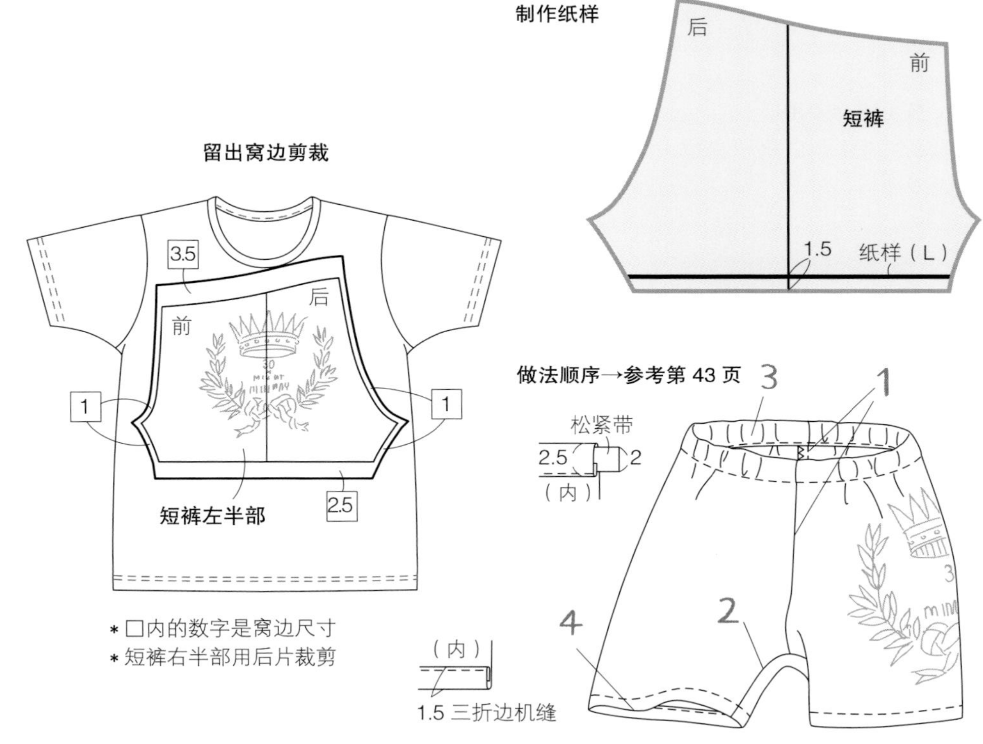

logo

第15页图c

材　料（3～4岁用）

大人的印花T恤　1件

2cm宽的松紧带

* 用胸前有运动品牌商标图案的T恤制作。

做法要点：

将基本纸样L（第45页）根据本页图示进行修改。

为了将logo放在右侧，把纸样按图示方向放置在T恤上面剪裁。

背面（素色底）也放置纸样剪裁。

留出窝边剪裁

1　1　前　2.5　短裤右半部　1.5　后　纸样　1

* □内的数字是窝边尺寸

* 短裤左半部用T恤背面裁剪

做法顺序→参考第43页

3　松紧带　2.5　2　（内）　1　4　2　（内）　1.5 双折边机缝

用颜色不同的两件 T 恤改装

第17页

材　料（3 ~ 4 岁用）

大人的灰色 T 恤（上衣的前 / 后身片、短裤用） 1 件
大人的深蓝色长袖 T 恤（袖子、贴花、带子、裤兜用） 1 件
深蓝色与白色的格子花纹布（用作上衣的衬里） 长 110cm、宽 60cm
直径 1cm 的圆点装饰扣和子母扣　6 组
0.6 ~ 1cm 宽的松紧带
*从深蓝色的长袖 T 恤上裁剪布条，对领口和下摆进行包边处理，也可以直接使用滚边条。

做法要点：

将上衣和短裤的基本纸样 L（第 45 页）按照本页图示进行修改。
各自的剪裁方法请参考第 41 页，缝制方法请参考第 43 ~ 44 页。
后背的贴花，穿过内外双层布缝制。

制作纸样，留出窝边剪裁

后
1
后身片中心线
0
前
前后中心
1
前 / 后身片
外层布
内层布（各 1 片）
2
0
2
纸样（L）
0
1
1
5.5
环（折线）
袖
8.5
1
纸样（L）
利用大人深蓝色长袖衫的袖口

* □内的数字是窝边尺寸
* 前 / 后身片的表布用灰色 T 恤剪裁
  里布用格子布剪裁
* 袖子用深蓝色长袖衫的袖子剪裁

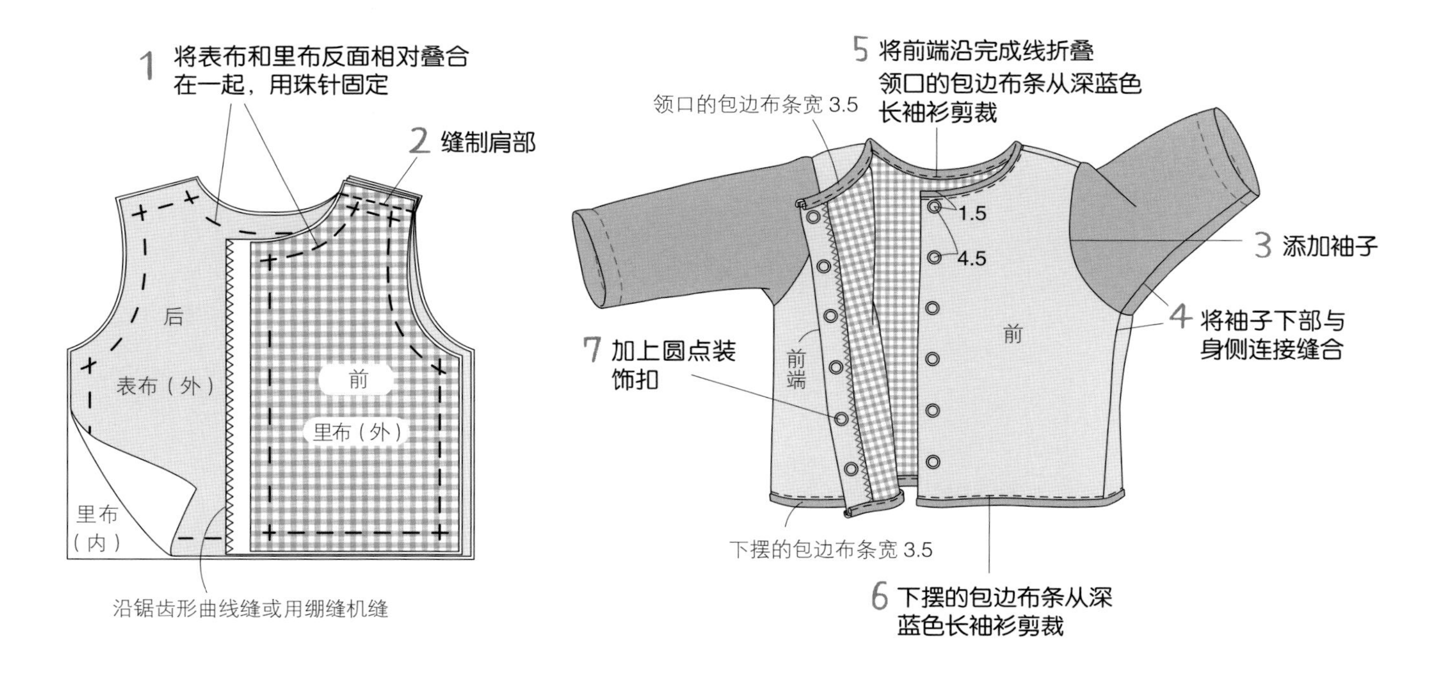

制作纸样，留出窝边剪裁

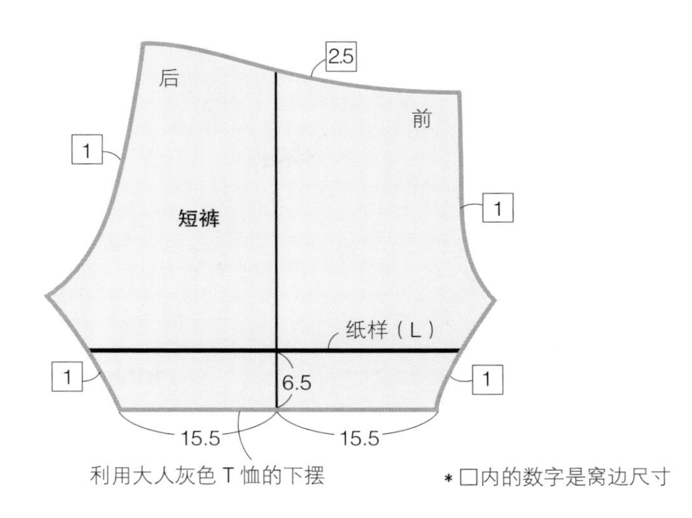

＊□内的数字是窝边尺寸

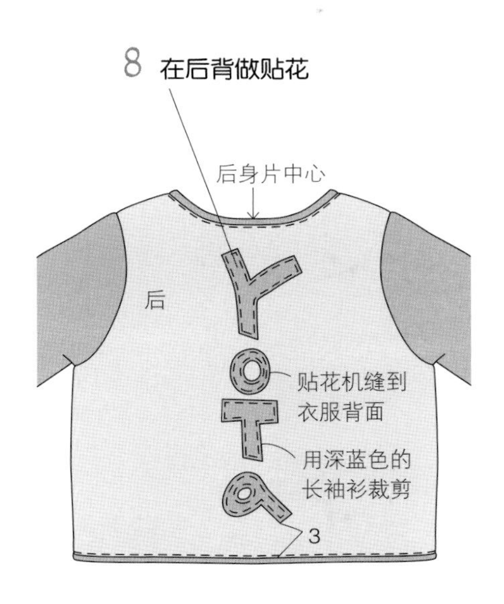

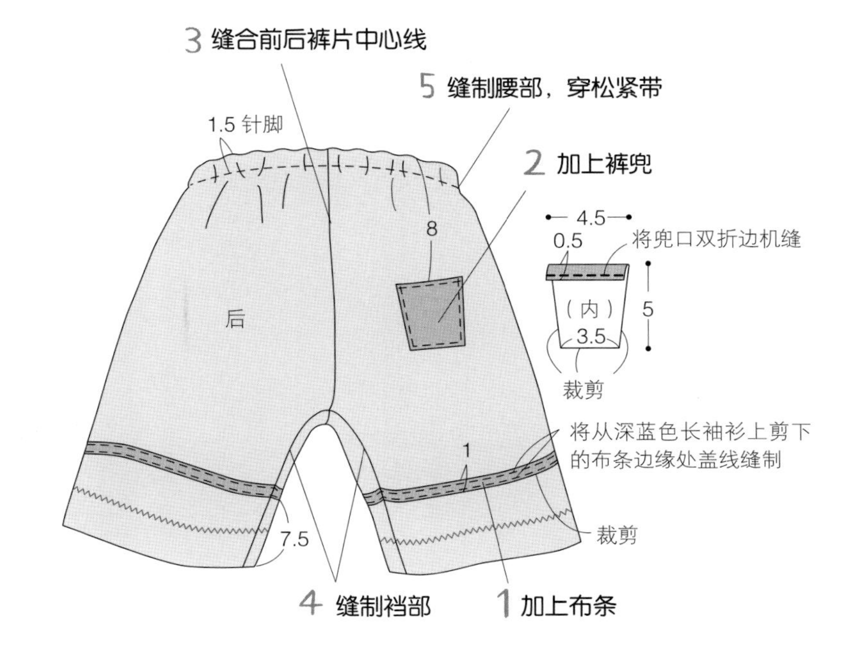

巧克力与焦糖

第18页

材　料（3～4 岁用）

大人的运动上衣　1 件

做贴花与衣兜用的灯芯绒布料

约 1.2cm 宽的滚边条（市场上卖的两折型）

子母扣　4 组

直径 1.2cm 的装饰扣　5 个

做法要点：

将基本纸样 L（第 45 页）按照本页图示进行修改（开衫的剪裁方法参考第 41 页，缝制方法参考第 44 页）。

无法直接利用原运动上衣的袖口时，留出 3cm 窝边，用三折边机缝来处理。

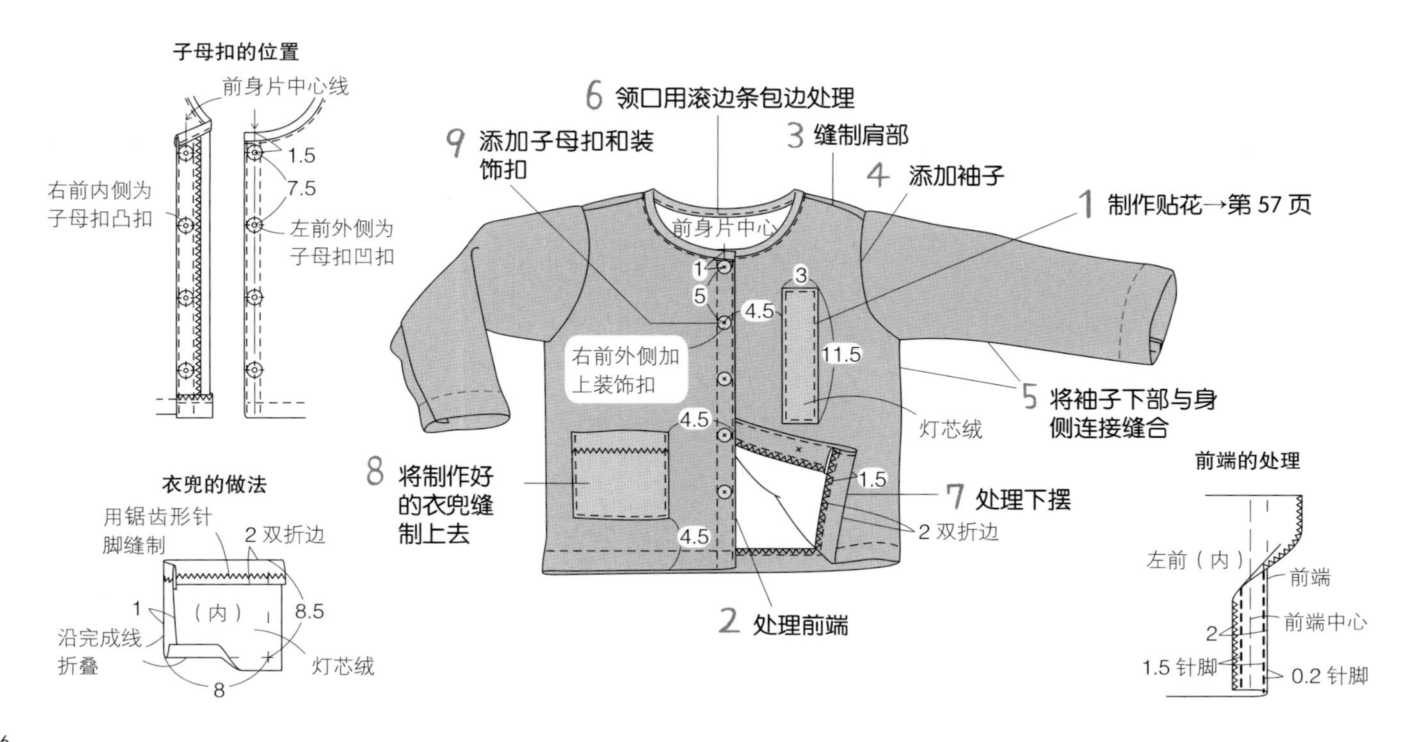

积木玩具箱

第19页

材　料（0～2岁用）

大人的运动上衣　1件

贴花用的印花棉布（多种颜色）

约1.2cm宽的滚边条（市场上卖的两折型）

子母扣　3组

直径为1.2cm的装饰扣　3个

做法要点：

将基本纸样S（第45页）根据本页图示进行修改（开衫的剪裁方法参考第41页，缝制方法参考第44页）。

剪裁后，最好将贴花先用粘合剂固定然后再缝制。

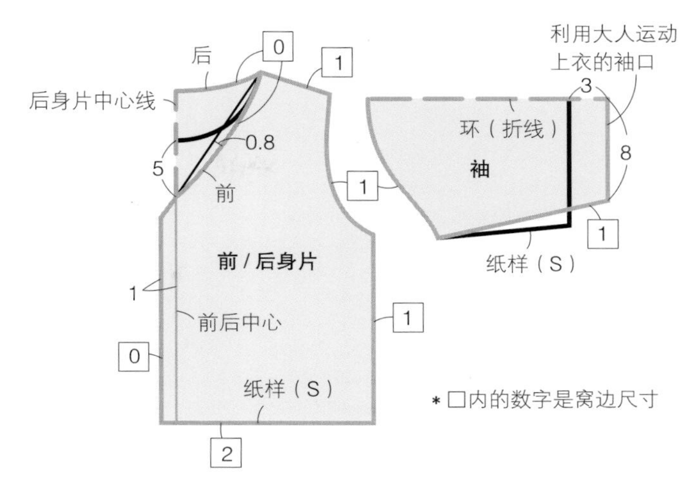

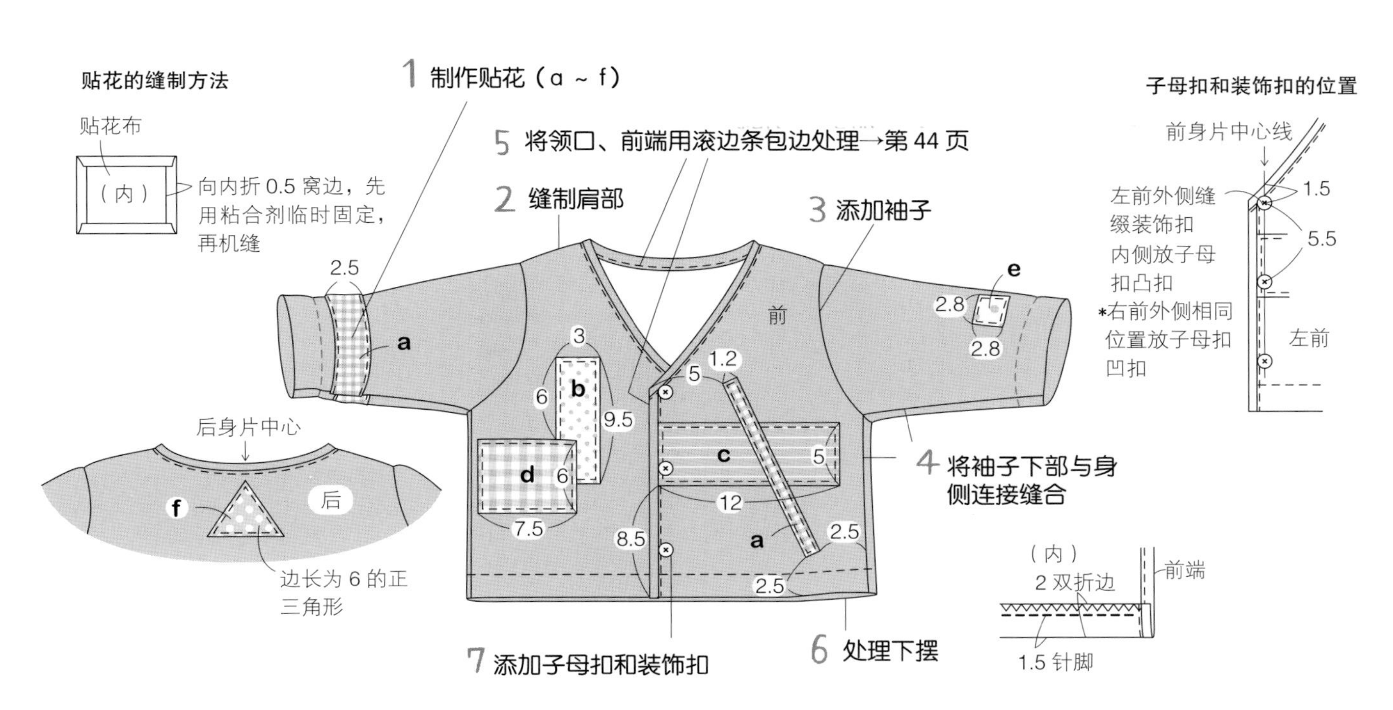

小猫
第20页

材　料（0～2岁用）

大人的运动上衣　1件
子母扣　4组
直径1.5cm的装饰扣　4个
领口用约1.2cm宽的滚边条（市场上卖的两折型）
前端用约2cm宽的滚边条（市场上卖的两折型）
做贴花用的本色厚棉布　直径约12cm

做法要点：

将基本纸样S（第45页）按照本页图示进行修改（开衫的剪裁方法参考第41页，缝制方法参考第44页）。
贴花，先用黏合剂固定然后再缝制。

制作纸样，留出窝边剪裁

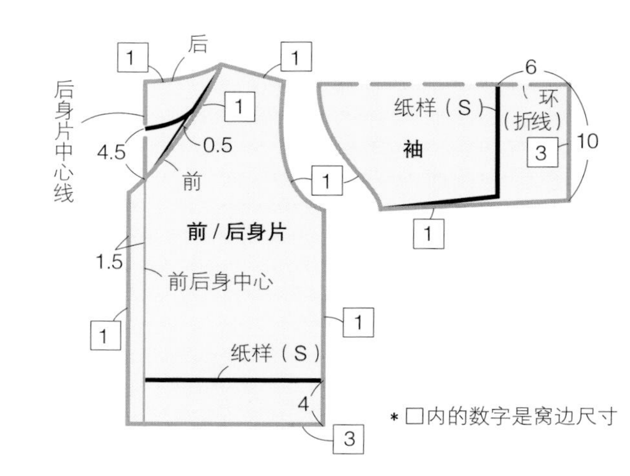

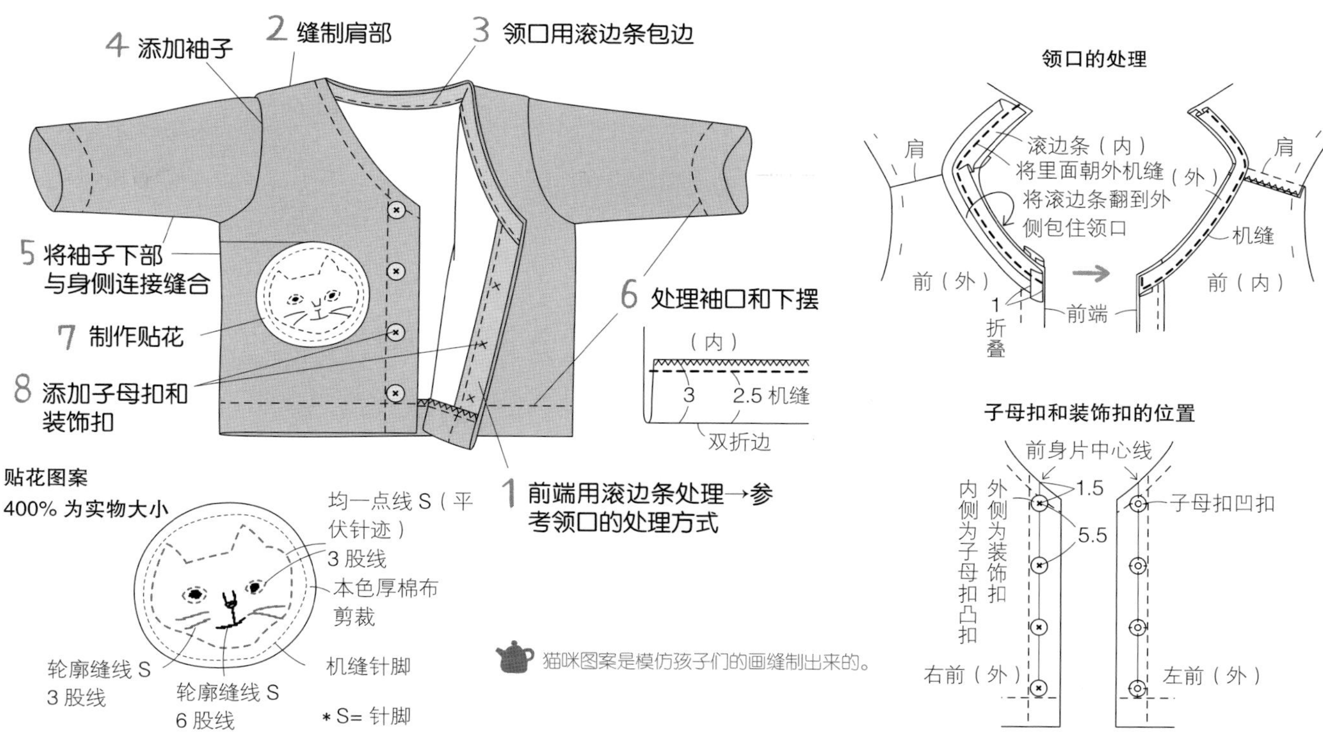

猫咪图案是模仿孩子们的画缝制出来的。

领口的处理

滚边条（内）
将里面朝外机缝
（外）
将滚边条翻到外侧包住领口
肩
机缝
前（外）
前（内）
1折叠
前端

子母扣和装饰扣的位置

前身片中心线
1.5
5.5
子母扣凹扣
外侧为装饰扣
内侧为子母扣凸扣
右前（外）
左前（外）

小鱼

第21页

材　料（3～4岁用）

大人的运动上衣　1件
子母扣　3组
直径为1.5cm的装饰扣　4个
领口、衣兜用的约1.2cm宽的滚边条（市场上卖的两折型）
前端用的约2cm宽的滚边条（市场上卖的两折型）
制作鱼布偶用的本色厚棉布
棉絮
直径为0.3cm左右的红色圆细绳

做法要点：

将基本纸样L（第45页）按照本页图示进行修改（开衫的剪裁方法参考第41页，缝制方法参考第44页）。
鱼布偶另外制作，将细绳系在扣子上。

做几个不同大小的鱼，串成一串挂上去也可以。

制作纸样，留出窝边剪裁

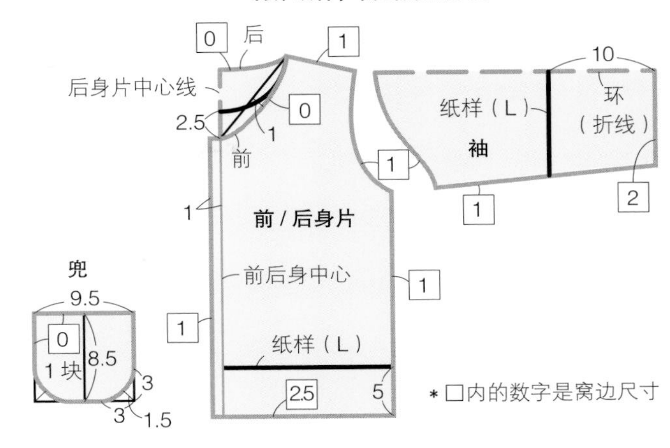

＊□内的数字是窝边尺寸

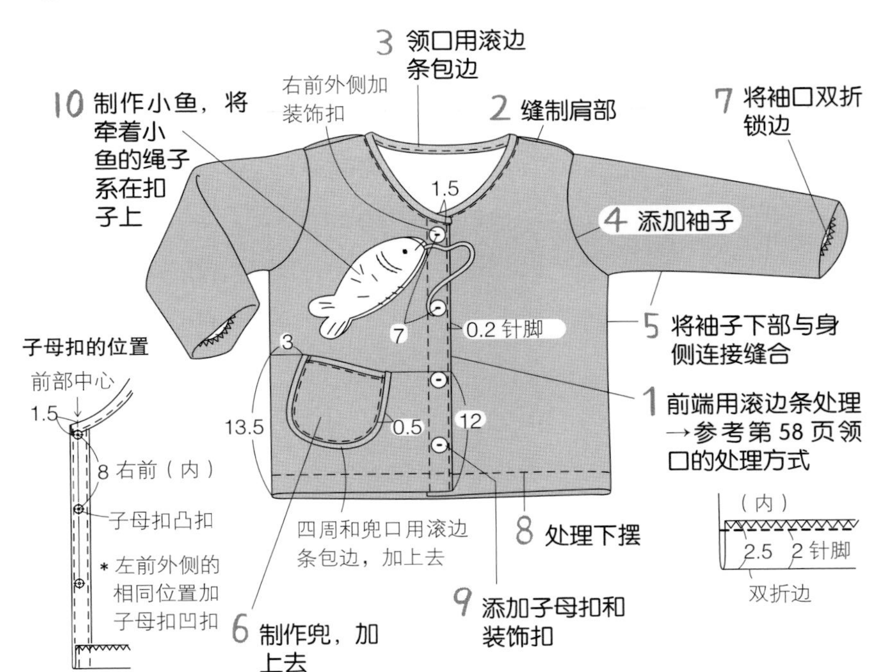

小鱼的图案　400%为实物大小

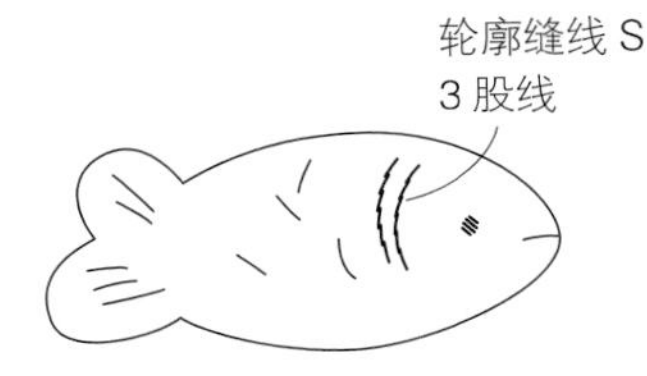

＊刺绣除轮廓缝线S外还有直线S（2股线）
＊S＝针脚

鱼布偶的做法

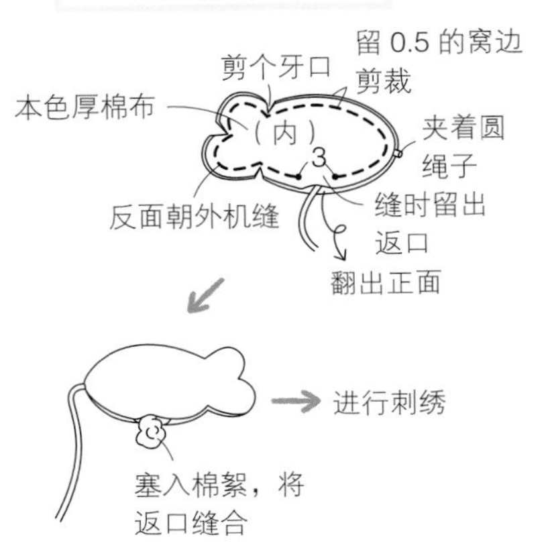

小手

第22页

材　料（0～2岁用）

大人的开衫毛线衣　1件
约1.2cm宽的滚边条（市场上卖的两折型）
直径1.8cm的装饰扣　3个
做贴花用的毛毡（红色）

做法要点：

将基本纸样S（第45页）根据本页图示进行修改（开衫的剪裁方法参考第41页，缝制方法参考第44页）。
将原开衫毛线衣的反面当作正面来裁剪。
前襟原样利用原开衫毛线衣的前襟。
＊直接利用原来的扣眼，无法利用时，不用刻意做扣眼，使用子母扣即可。

制作纸样，留出窝边剪裁

后　0　1
后身片中心线
前　0
1.5
前／后身片
1
前后身中心
右端
左端
1
3
纸样（S）
1
3
右前襟
3
5
环（折线）
袖
纸样（S）
9.5
1
0
1
＊口内的数字是窝边尺寸

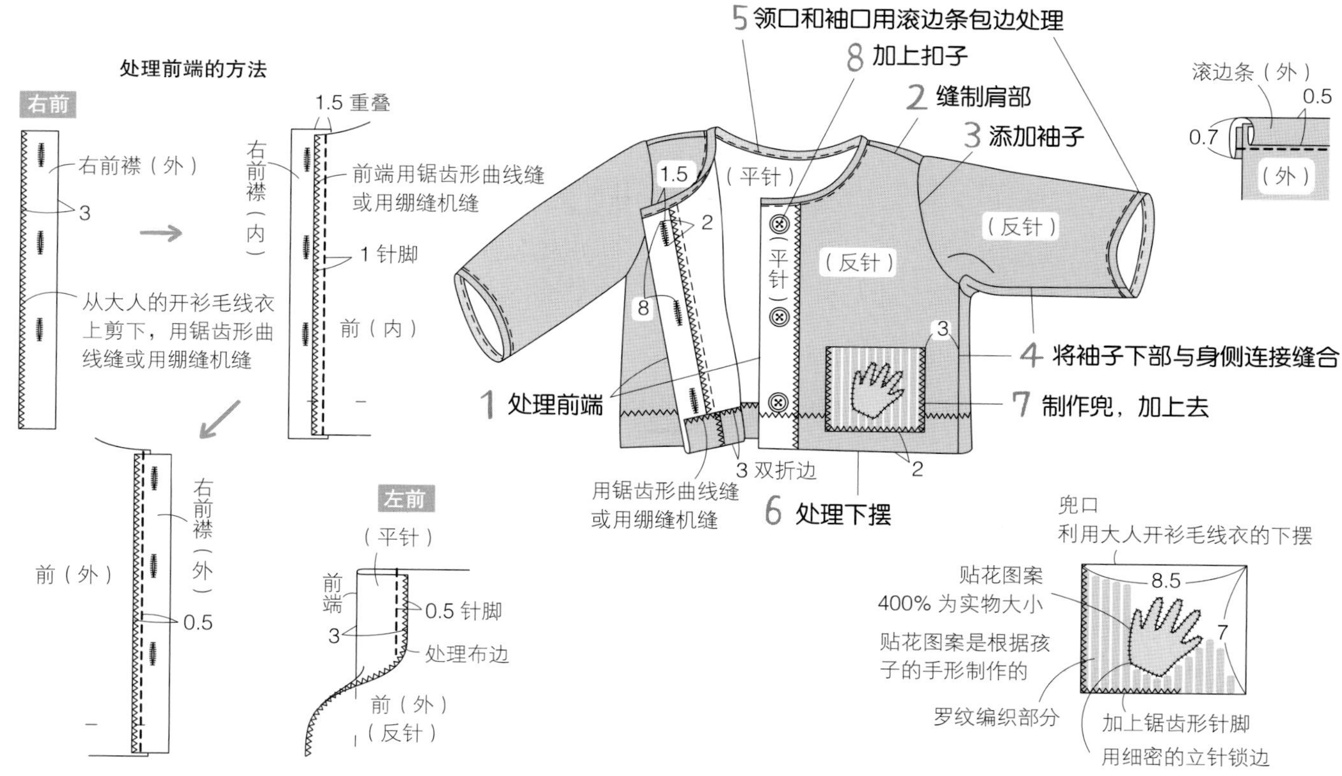

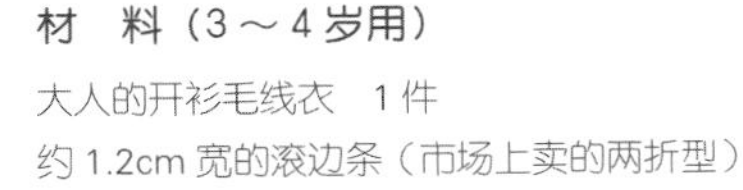

材　料（3～4 岁用）

大人的开衫毛线衣　1 件
约 1.2cm 宽的滚边条（市场上卖的两折型）
子母扣　5 组
直径 1.2cm 的装饰扣　5 个
做贴花用的毛毡（浅灰色和米色）

做法要点：

将基本纸样 L（第 45 页）按照本页图示进行修改（开衫的剪裁方法参考第 41 页，缝制方法参考第 44 页）。
下摆和衣兜原样利用。
左右两个贴花的颜色稍稍有些区别。

制作纸样，留出窝边剪裁

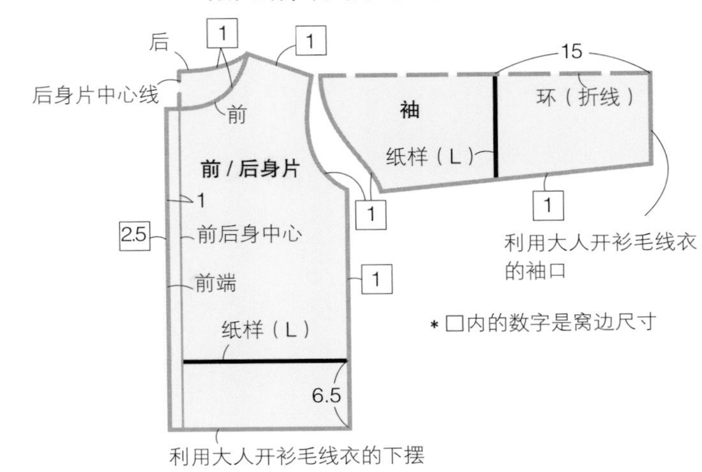

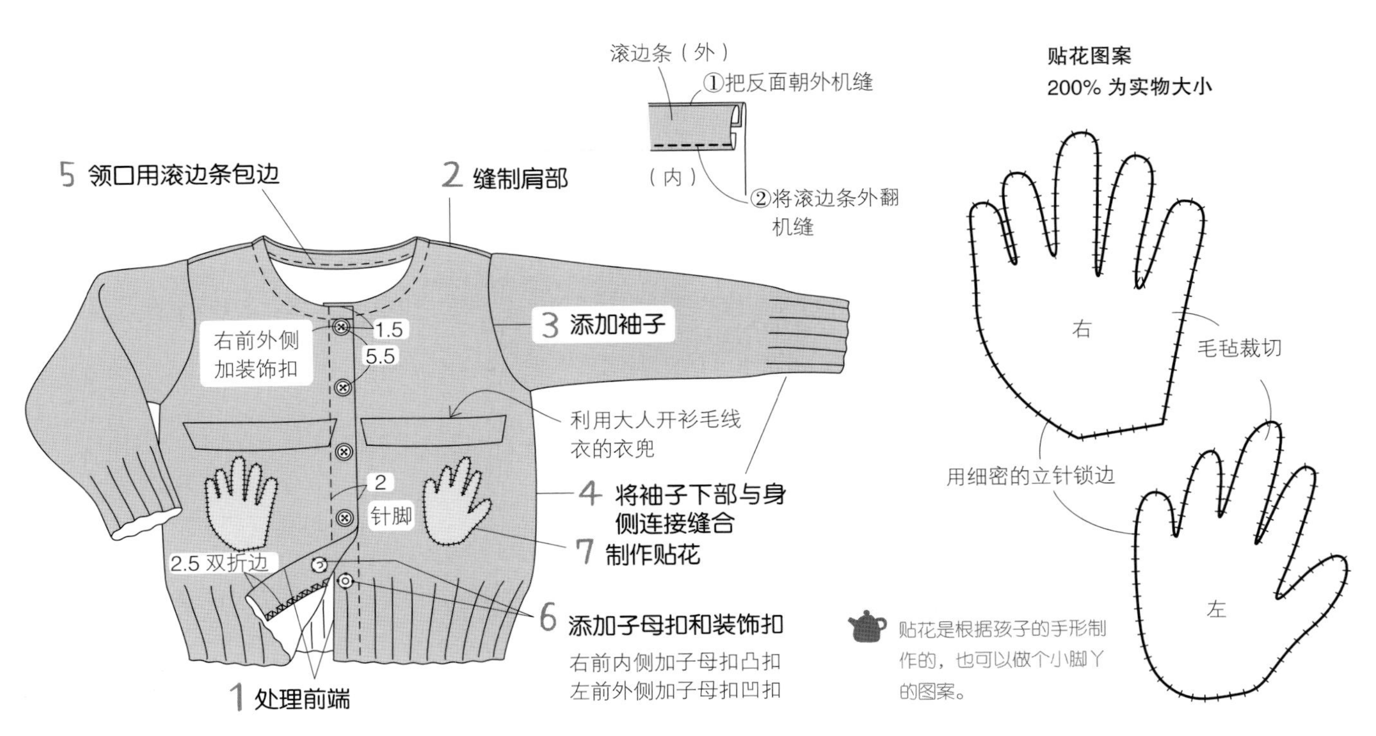

白色圣诞
第23页

材　料（3～4 岁用）

大人的毛衣　1 件
约 2cm 宽的滚边条（市场上卖的针织布料两折型）
子母扣　3 组
直径 1.2cm 的贝壳扣　4 个
做贴花用的白色厚棉布

做法要点：

将基本纸样 L（第 45 页）根据本页图示进行修改（开衫的剪裁方法参考第 41 页，缝制方法参考第 44 页）。
帽子是利用原毛衣袖子上的罗纹编织部分制作而成的。
毛衣没有毡化时，用水洗一次后用剪刀剪就可以了。

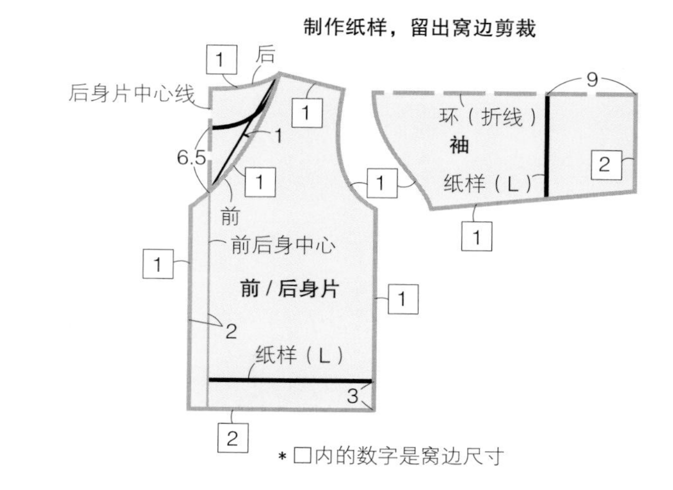

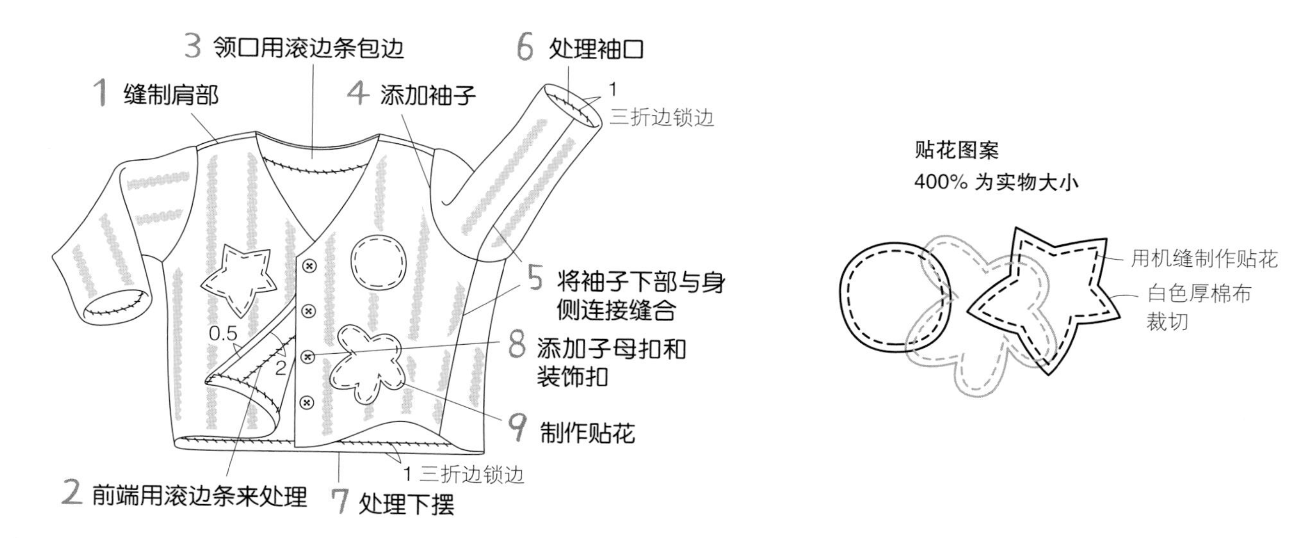

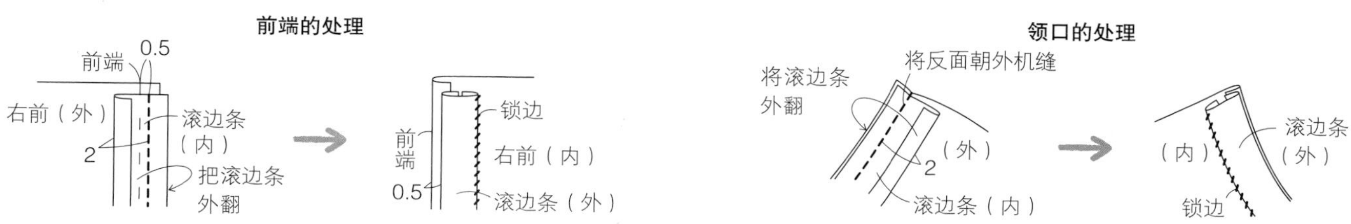

帽子

帽子尺寸

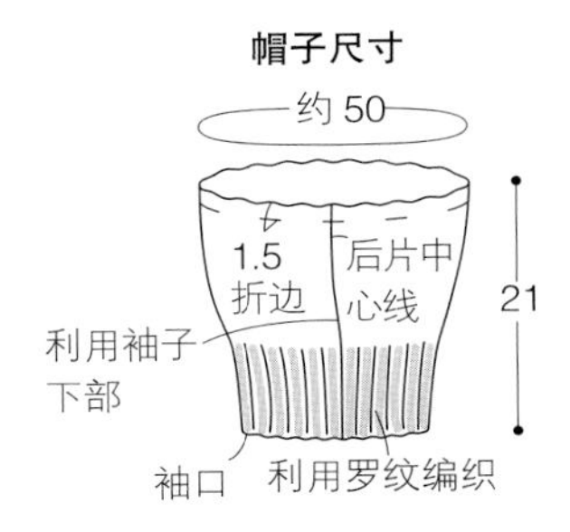

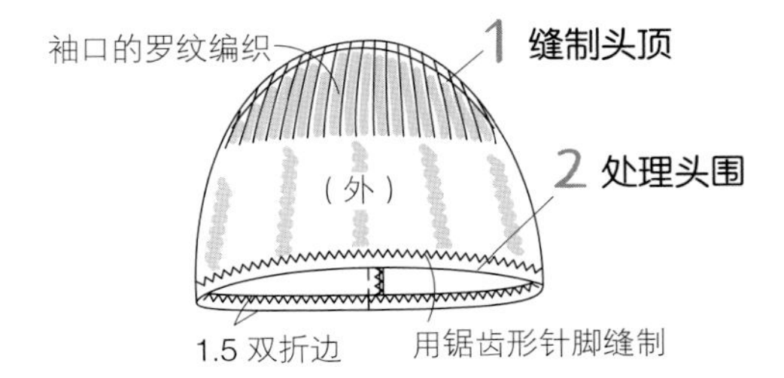

帽子顶部的缝制方法

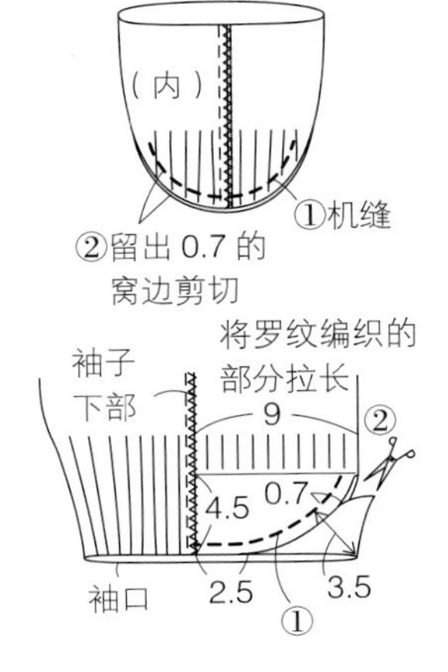

材料笔记

将纸样誊到布上时

如果使用画粉会很方便，画线过后一小会儿，会自动消失。照着纸样誊上去，连窝边线也要一并标记。放好纸样后，不要挪动，手用力压住纸样。

缝纫线

因为既有 T 恤布料，又有针织布料，所以没有必要使用针织专用的线。选择容易入手的聚酯缝纫线即可。

扣子和子母扣

扣子一般使用比较平的贝壳扣等。塑料制的子母扣要比金属制的好，因为它不会损伤布料，同时也不会伤害宝宝的肌肤。

做贴花用的布

有薄有厚。抹布和单子之类的布、围巾、手帕等不仅能展现出各自不同的姿态，也很有趣。用黏合剂事先固定好再缝会轻松许多。但是如果想用直接剪下来的布做贴花，太薄的布料不太合适。配合衣服的质地来选择相应的布料吧。

在布上绘画的笔

油性笔洗过之后会掉色；布绘马克笔和蜡笔很方便，不易晕染，即使洗也不会掉色，笔尖有粗细之分，推荐使用。在布上画好后，垫一块布用熨斗熨一下，使颜色染到布上。

长袖（双层叠袖）衫

第27页

材　料（2～3岁用，或4～5岁用）

儿童的素色T恤　1件
条纹长袖T恤（做袖子用）　1件
做贴花用的有涂鸦的白色棉布
* 做袖子用的T恤也可以是大人的（女士的窄袖T恤正合适）。

做法要点：

如图，袖口加上T恤的袖子变成了长袖。
袖长要符合孩子的尺寸。
使用大人T恤的袖子时，先将袖宽改成孩子的尺寸，然后缝合在一起。
制作贴花时用布绘马克笔进行涂鸦，并根据画作的尺寸裁剪下来。

哥哥的袖子使用细条纹，弟弟的袖子用宽条纹。因为兄弟俩都很介意别人的衣服和自己的一样，所以在袖子上稍作改变，两个人对此都很满意。

贴花图案　400% 为实物大小

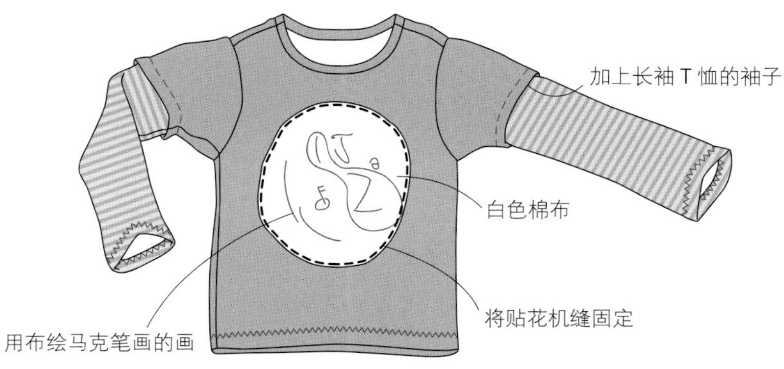

袖子的缝接方法

边缘用锯齿形曲线缝
或用绷缝机缝
20～25
不露针脚地缝接在
原来袖口的折边上
原来的袖口
（内）
沿着袖子底部的线

※ 孩子的素色T恤
2～3岁用（身高90～95cm）
4～5岁用（身高100～110cm）

1、2、3

第29页

材　料（a 2～3岁用，b 4～5岁用）

儿童的素色T恤　1件

条纹和素色长袖T恤　各1件

做贴花用的白色棉布

* 做袖子用的T恤也可以是大人的（女士的窄袖T恤正合适）。

做法要点：

如图，袖口加上长袖T恤的袖子。

袖长要符合孩子的尺寸。

数字贴花，是模仿孩子画的数字，用布绘马克笔画在棉布上的。

画上“**あいうえお**”（这五个元音是日语中最基本的发音，分别发 aiueo）或小星星等，也可以画上其他喜欢的文字。

贴花图案　400% 为实物大小

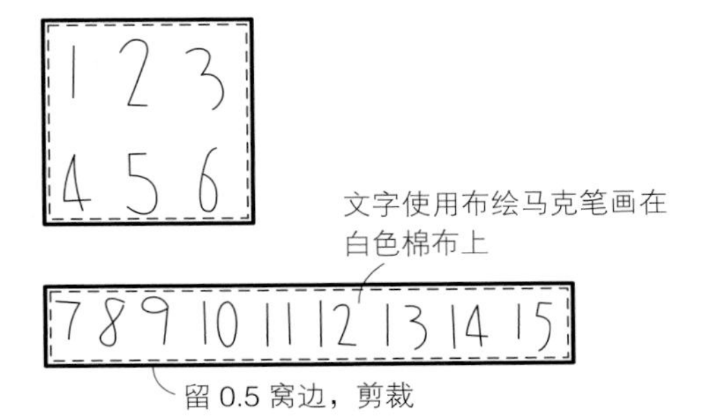

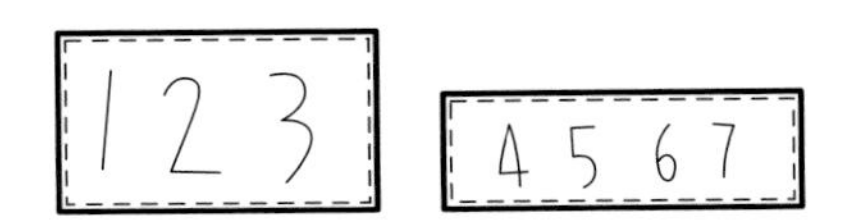

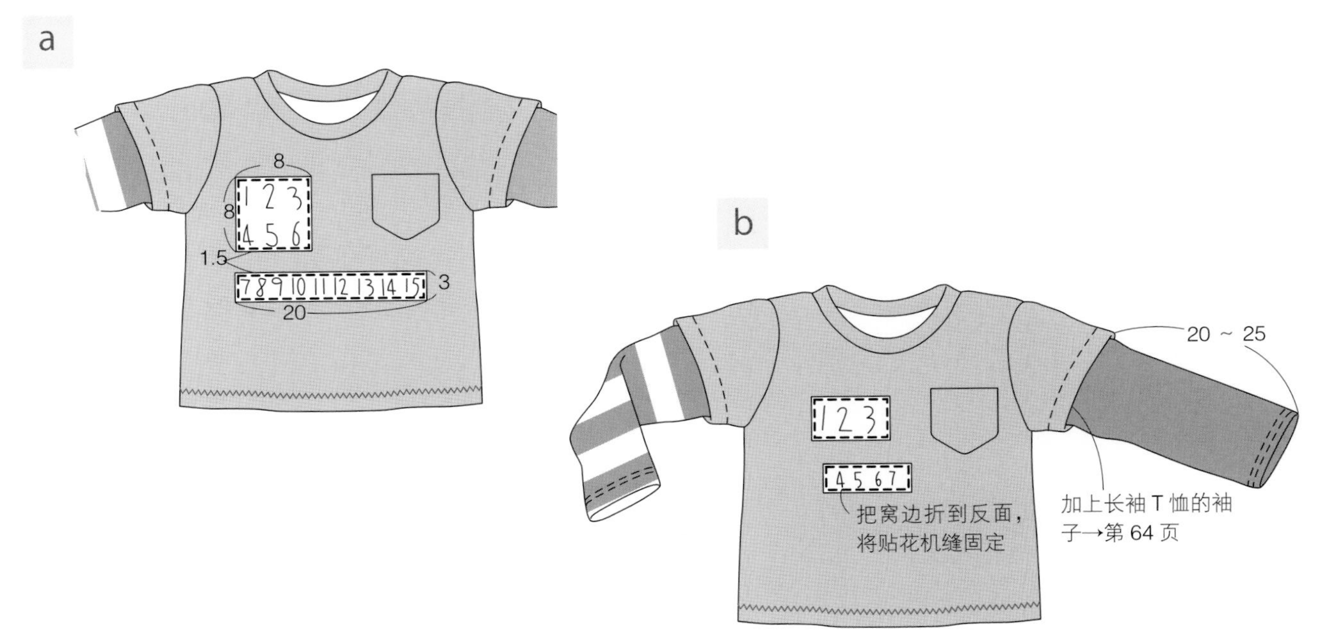

水壶

第29页

材　料（a 2～3岁用，b 4～5岁用）

儿童的素色运动上衣　1件

做贴花用的布（麻、针织等）

粗刺绣线（8号）

＊这个运动上衣是叠穿风格的设计。

做法要点：

如图做好贴花，机缝到衣服上并绣上其他图案。

为了避免呆板，在两人贴花的颜色和布料上动了些小心思。

 以两个人画的水壶为主题，做出水壶动起来的感觉。

贴花图案　400% 为实物大小

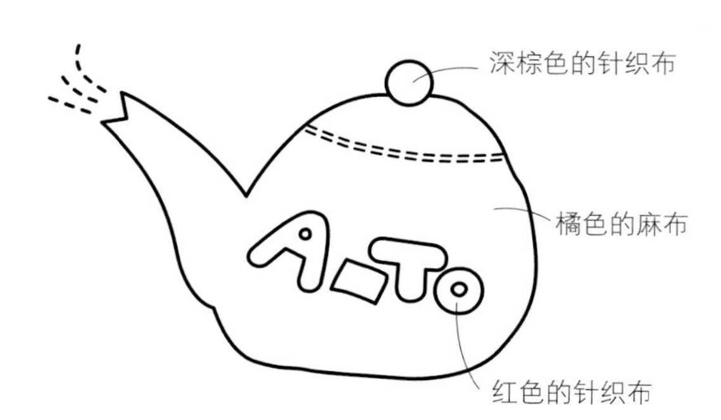

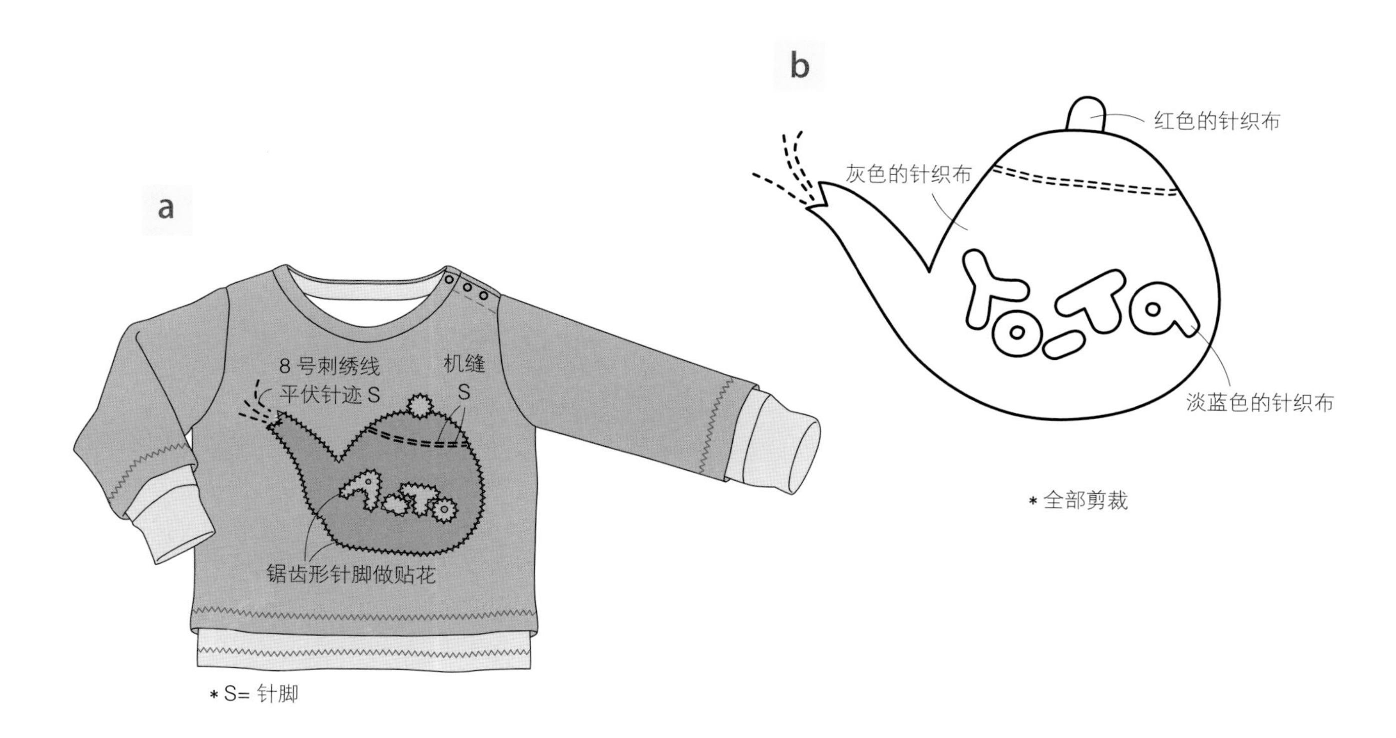

＊S= 针脚

＊全部剪裁

心

第30页

材　料（a 2～3岁用，b 4～5岁用）

儿童的素色T恤　1件

黑色长袖T恤（做袖子用）　1件

做贴花用的布（针织布）

* 也可以用其他T恤的布料制作贴花。
  这里使用苔绿色和酒红色两种颜色。

做法要点：

如图，袖口加上长袖T恤的袖子。

袖长要符合孩子的尺寸。

这里，刻意使两只袖子的颜色不同，左袖用黑色，右袖用深灰色。

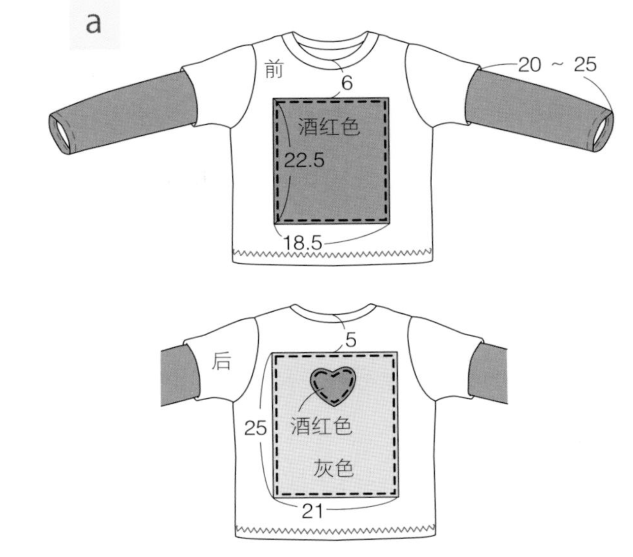

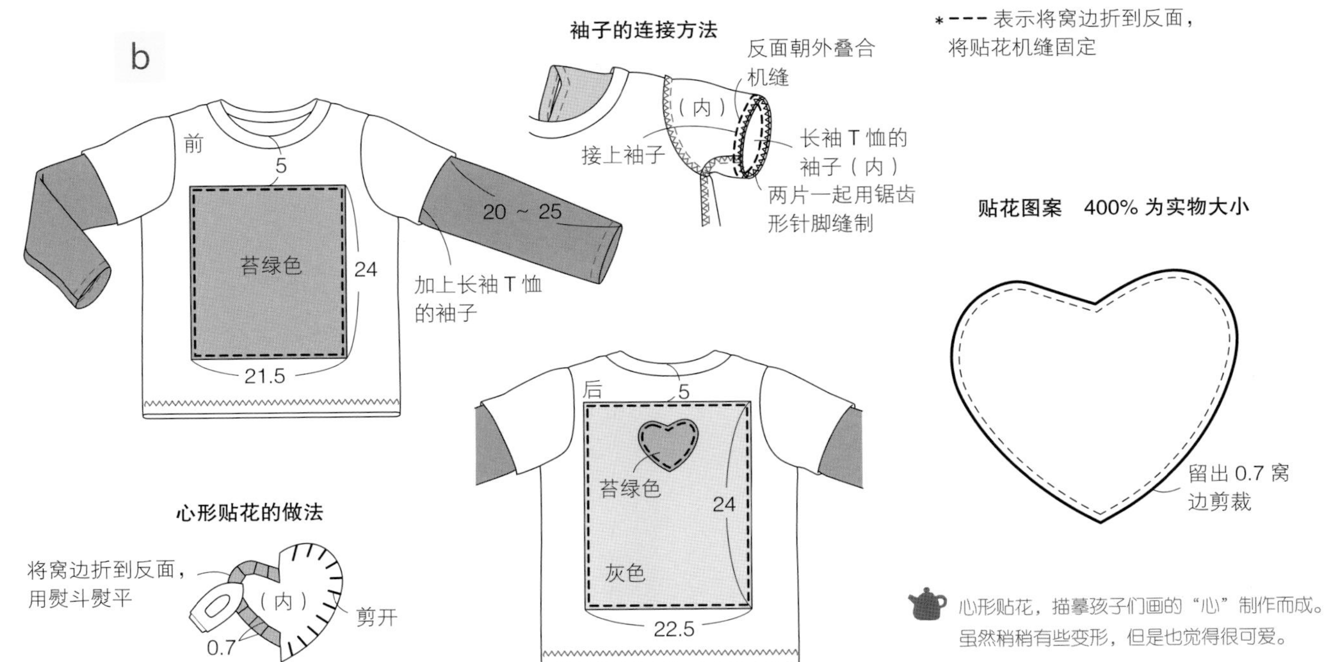

心形贴花，描摹孩子们画的“心”制作而成。虽然稍稍有些变形，但是也觉得很可爱。

○△□

第33页图a&a'

材　料（2～3岁用）

儿童的素色长袖T恤　1件

素色和各种印花图案的棉布（做贴花用）

做法要点：

如图在素色T恤上缝制贴花。

配合原先上衣的颜色，将贴花在T恤上均衡分布。

裁剪贴花时要留出窝边，然后缝到衣服上。

背面下摆上的贴花，用布绘马克笔写上名字。

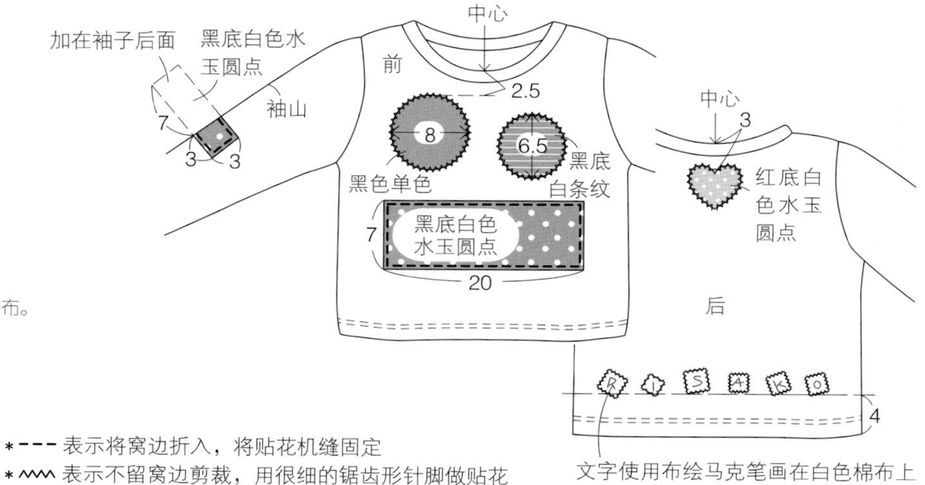

○△□

第33页图b

材　料（4～5岁用）

儿童的素色T恤　1件

长袖衫（做袖子用）　1件

素色和各种印花图案的棉布（做贴花用）

做法要点：

如图，袖口加上长袖T恤的袖子。

袖长要符合孩子的尺寸。

按照图示添加贴花，可以根据自己的想法改变贴花的形状及方向，尽情享受这种“创造”的过程吧！

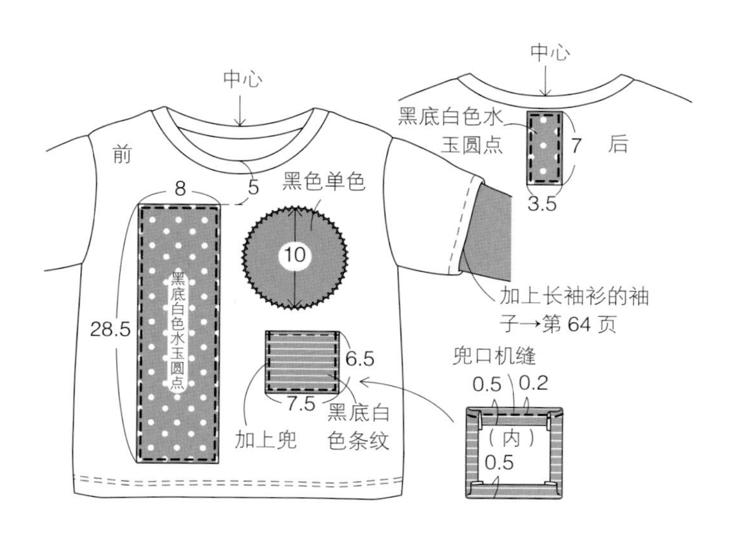

时钟

第33页图c

材　料（4～5岁用）

儿童的素色长袖T恤　1件

素色和各种印花图案的棉布（做贴花用）

做法要点：

以时钟为中心，以积木为主题，制作各种形状的贴花。

添加的时候注意图案搭配以及配色平衡。

时钟上的数字，是模仿孩子们画的画。

贴花图案　200% 为实物大小

11 12 1 10 2 9 3 8 7 6 5 4

文字使用布绘马克笔书写

白色棉布裁剪

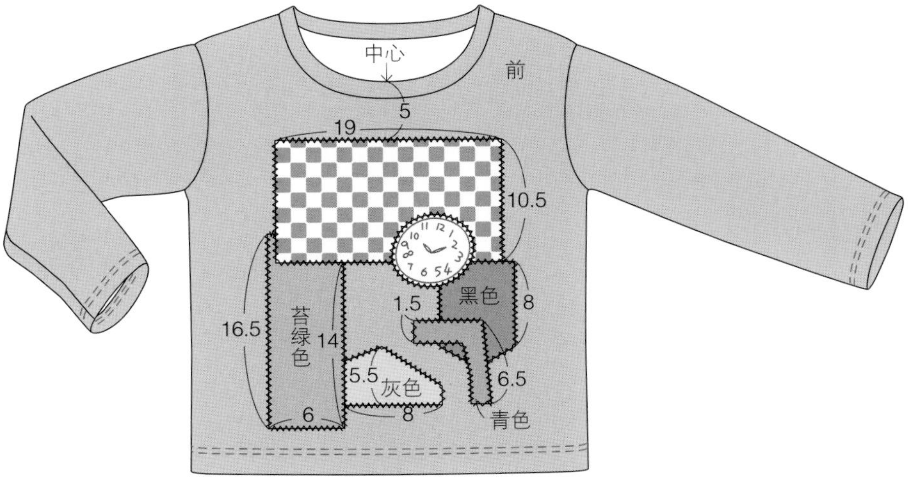

中心

前

5

19

10.5

16.5

苔绿色

14

1.5

黑色

8

5.5

灰色

6.5

6

8

青色

＊ 表示不留窝边剪裁，用很细的锯齿形针脚做贴花

条纹与布兜
第34页图a

材　料（2～3岁用）

儿童的条纹T恤　1件
素色和条纹棉布（贴花用）

做法要点：

如图在胸部添加两个兜。
对于大号上衣，兜的尺寸也应适当加大。

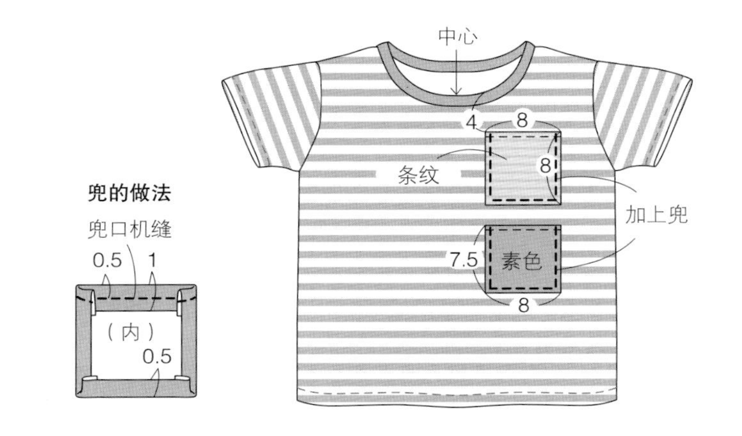

把秘密装进去
第34页图g

材　料（2～3岁用）

儿童的素色长袖T恤　1件
素色和棋盘格花纹等印花图案的棉布（做贴花用）

做法要点：

贴花可以使用不同图案和质地的布料制作，根据布料的情况决定是否进行窝边处理，并根据整体平衡的原则来分配口袋在衣服上的分布。

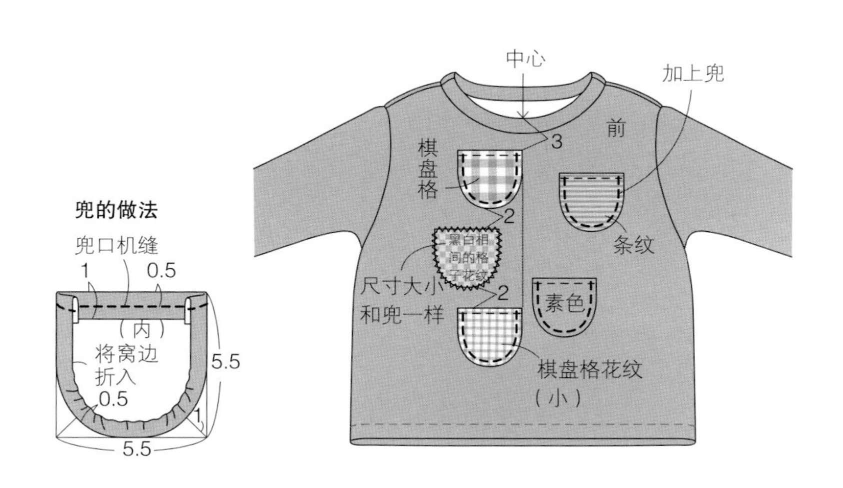

* 表示不留窝边剪裁，用很细的锯齿形针脚做贴花

独角仙的新干线
第26页

材　料（4～5岁用）

儿童的素色长袖T恤　1件
棉布单子（做贴花用）

做法要点：

在绿色的单子上，用布绘马克笔将孩子的画临摹上去，根据图示制作贴花。
贴花的大小取决于画幅。

大树和小鸟
第34页图d

材　料（2～3岁用）

儿童的条纹T恤　1件
各种颜色的棉布（做贴花用）
刺绣线

做法要点：

以鲜花盛开的大树为主题，
小鸟用红色，大树用粉色的棋盘格花纹，
树干用茶色，山丘用绿色。
对于大号尺寸的衣服，树干要相应加粗，
使它变成更大的树。

披头士
第34页图c

材　料（4～5岁用）

儿童的素色T恤　1件
印花围巾

做法要点：

将围巾按如图尺寸裁剪下来，缝制到胸前。
贴花的大小根据印花图案决定。
＊这里使用的是披头士印花围巾，手帕和头巾也是不错的材料。

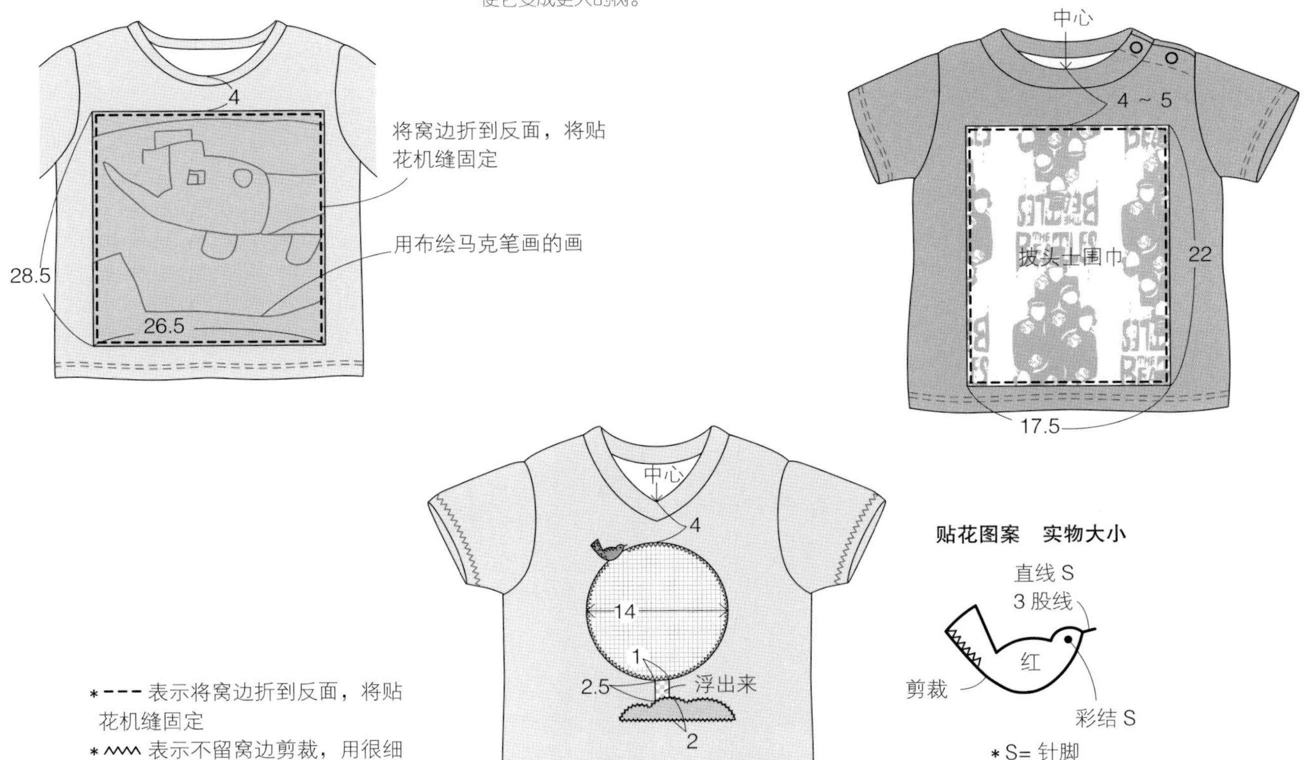

绿色小坎肩

第5页

材　料（0～2岁用）

大人的运动上衣　1件

五爪扣和子母扣　2组

* 这件运动上衣是丝绒风格的较薄的款式。

做法要点：

如图制作纸样，留出窝边裁剪，

处理布边之后，按照号码顺序来缝。

领口用滚边条包边（参考第44页）。

不按照这里介绍的纸样，将基本纸样S（第45页）的领口、袖口适当放大变形也可以。

或者，将经常穿的无袖衫直接铺到运动上衣上，按照它的轮廓裁剪。

制作纸样，留出窝边剪裁

* 口内的数字是窝边尺寸

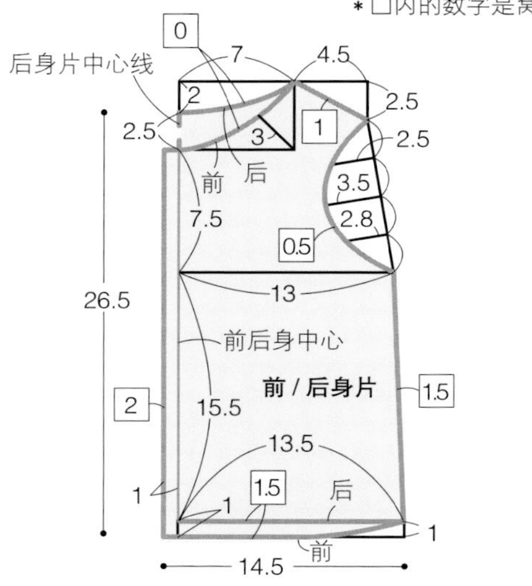

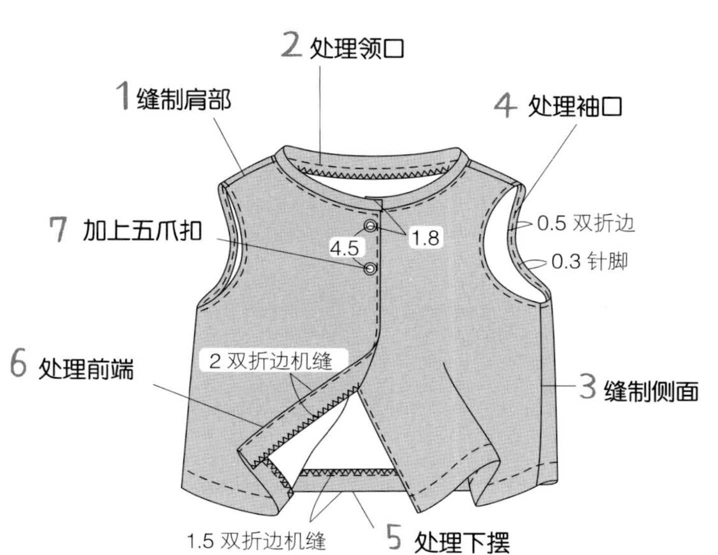

布边的处理

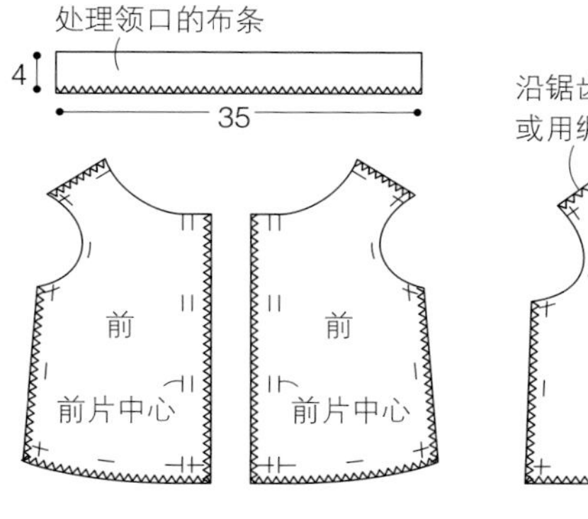

领口的处理

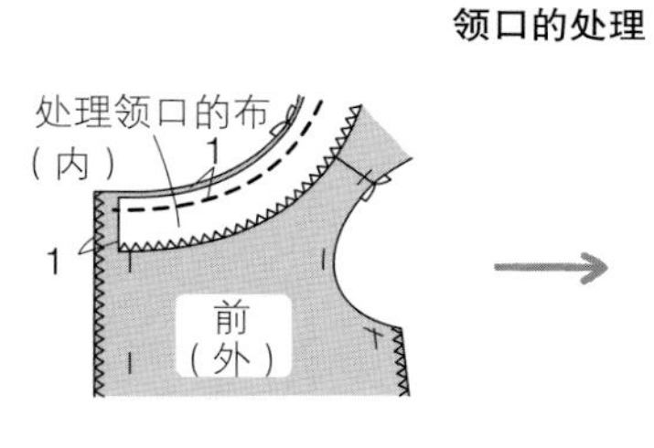

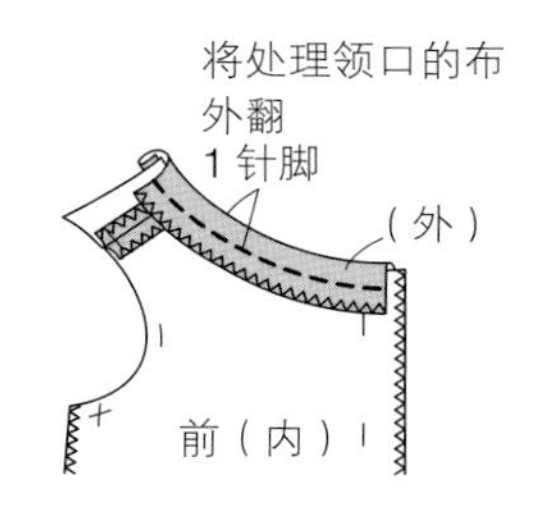

感谢制作的乐趣

小婴儿身上散发的香气和孩子的笑声，都是非常美好的事物，
两个孙子的降临使我感到非常幸福。
为孙子们改装的第一件衣服是，
轻轻捧在双手掌心上的
深绿色的小坎肩※。
这原先是未见到孙儿们，就已仙逝的丈夫的运动上衣。
那之后，大概又做了几十件，
到现在已经数不清了。
已经老气横秋的旧衣服也因此获得了新生气息，
它们重生了！
改装比起用新布做衣服，
需要花费更多的功夫，并一直持有创作的热情。
就算做得不好也没关系，
大人的衣服，
让新生的小婴儿穿着，
是至高的幸福。
虽然不太擅长，但是可以获得创造爱的喜悦。
这些正是孩子教给我的。

※ 照片在第 5 页（做法在第 72 页）

图书在版编目（CIP）数据

30分钟！大人旧衣轻松改成宝宝装 /（日）粟辻早重著；陈志姣译. — 北京：华夏出版社，2015.8
ISBN 978-7-5080-8260-8

Ⅰ. ① 3… Ⅱ. ①粟… ②陈… Ⅲ. ①童服—服装设计 Ⅳ. ① TS941.716.1

中国版本图书馆 CIP 数据核字（2014）第 246966 号

30分钟！大人旧衣轻松改成宝宝装

作　　者　[日] 粟辻早重
译　　者　陈志姣
责任编辑　尾尾鱼　布　布
美术设计　殷丽云
责任印制　刘　洋

出版发行　华夏出版社
经　　销　新华书店
印　　刷　北京华宇信诺印刷有限公司
装　　订　三河市少明印务有限公司
版　　次　2015年8月北京第1版　2015年8月北京第1次印刷
开　　本　889×1194　1/16
印　　张　3.25
字　　数　20千字
定　　价　39.80元

华夏出版社　网址：www.hxph.com.cn　地址：北京市东直门外香河园北里4号　邮编：100028
本版图书如有印装质量问题，请与我社营销中心调换。电话：010-64677853

给宝宝的舒适宽松的上衣和短裤。